电工技术实验

第二版

王至秋　主　编

姜秋鹏　张惠莉　龚丽农　副主编

U0341573

中国电力出版社

CHINA ELECTRIC POWER PRESS

内容提要

本书从提高学生综合素质的角度出发，系统地介绍了电工技术实验基础知识、电工测量与仪表基础知识、常用电工仪表设备仪器、介绍等内容。对电路基础实验、动态电路分析实验、交流电路分析实验、三相交流电路及耦合电感电路实验、二端口网络分析实验以及电动机控制实验等内容进行了详细的讲解。本书在编写时，融通用性、专业性、知识性、趣味性于一体，为电工技术实验课程的理想教材。

本书可作为高等院校"电路"、"电工技术"、"电工学"等课程及相关学科专业的实验教材，也可供相关技术人员阅读参考。

图书在版编目（CIP）数据

电工技术实验/王至秋主编．—2版．—北京：中国电力出版社，2015.1
（2021.1重印）

ISBN 978 - 7 - 5123 - 6767 - 8

Ⅰ.①电… Ⅱ.①王… Ⅲ.①电工技术—实验—高等学校—教材 Ⅳ.①TM-33

中国版本图书馆 CIP 数据核字（2014）第 268511 号

中国电力出版社出版、发行

（北京市东城区北京站西街 19 号 100005 http://www.cepp.sgcc.com.cn）
三河市航远印刷有限公司印刷
各地新华书店经售

*

2012 年 2 月第一版
2015 年 1 月第二版 2021 年 1 月北京第七次印刷
787 毫米×1092 毫米 16 开本 11 印张 279 千字
印数14501—16000册 定价 49.00 元

前　言

　　《电工技术实验》自出版以来，得到了相关教师及同学的认可，收到了良好的教学效果。此次改版，修正了第一版中存在的一些错误，增加了对一些新型仪器、仪表的介绍说明，删减了部分过时的材料，使教材内容更加新颖、精炼。修订了部分实验的课后思考题，使学生能更广泛、深入地思考问题。对个别实验的参数进行重新设计修订，使实验效果更明显，并根据需要增加了部分实验的扩展资料，以求使学生能了解更多的与实验有关的相关知识。

　　本书共 10 章，分为两篇。第一篇为基础知识篇主要介绍与电工技术实验相关的一些基础知识，包括电工技术实验基础知识、电工测量与仪表基础知识、常用电工仪器设备、仪表介绍等内容。第二篇为实验篇主要介绍电路基础实验、动态电路分析实验、交流电路分析实验、三相交流电路及耦合电感电路实验、二端口网络分析实验、电动机控制实验等内容。

　　第二版王至秋任主编，姜秋鹏、张惠莉、龚丽农任副主编，第 1～7 章由王至秋编写，第 8 章由姜秋鹏编写，第 9 章由张惠莉编写，第 10 章由龚丽农编写。

　　本书力求理论联系实际、图文并茂、通俗易懂，限于编者水平，书中的不足和错误之处在所难免，恳请广大读者批评指正。

编　者

目 录

基础知识

- 电工技术实验基础知识
- 电工测量与仪表基础知识
- 常用电工仪表
- 电工技术实验常用仪器设备

电工技术实验基础知识

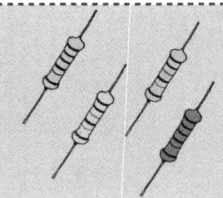

电路基础实验包括电路元件特性测量、电路基本定律定理的验证与应用及电阻电路的分析实验。通过该部分实验能够帮助学生进一步理解电路的基本定律定理，更好地掌握电路分析的基本方法。

第1节　电工技术实验课程的内容与要求

一、实验的意义与目的

电工技术实验是一门重要的实践性技术基础课程。开设本课程的目的在于使学生理论联系实际，在老师的指导下完成教学大纲规定的实验任务。通过实验，熟悉常用电工仪器、仪表的使用，掌握电路实验基本操作技能，学会正确记录、处理实验数据、绘制曲线、分析实验结果的方法，从而开发学生分析问题与解决问题的能力，培养学生严谨的工作作风、实事求是的科学态度，以及刻苦钻研、勇于创新的开拓精神和遵守纪律、团结协作、爱护公物等优良品质，为今后从事专业科研工作和工程技术工作打下良好的基础。

电工技术实验课程主要内容包括电工测量的基本知识、基本电工仪表使用、电工技术基本理论定律的验证、电工技术理论知识的应用及常见现象分析等。本课程实验以《电路》及《电工技术》理论课程为基础，通过本课程学习，使学生在掌握电工测量基本技能的基础上，巩固理论知识，学会应用电路理论分析研究实际现象，为进行实际电路分析设计打下坚实的基础。

学完本课程后，通过有计划的训练和培养，应达到如下目的：

1）加深学生对课程内容的理解，巩固和运用所学的理论知识。

2）能够独立地连接实验电路，检查并排除简单的电路故障。

3）能正确地选择与使用常用的电工仪器仪表。

4）能根据已学的理论知识设计简单的应用电路，并能通过实验验证设计的电路。

5）能准确读取实验数据并正确分析实验结果，编写完善而整洁的实验报告。

6）掌握基本的安全用电知识，并养成严格遵守操作规程的习惯。

二、电工技术实验的方法

1. 实验的预习与准备

每次实验前，学生应充分准备，否则实验效果会大打折扣，且有损坏仪器设备和发生人身伤害事故的危险。为了确保能满足预习的要求，每次实验前，教师将对学生进行书面或口头检查，凡没有达到预习要求的学生不能参加实验。

实验准备及预习的要求如下：

1）每次实验课前，应认真阅读实验教材，明确本次实验的目的和要求、实验内容、实验线路、实验步骤；复习与实验有关的理论内容，清楚实验原理、实验操作方法。

2）根据实验要求，画出实验电路及实验所需的数据记录表格，计算出实验中所需要用到的理论数据。

3）熟悉实验中所用仪器设备的使用方法。

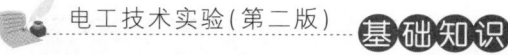

4）理解并记住每次实验中的注意事项。

5）要求学生自行设计的实验，预习时必须完成。

6）简要写出预习报告。预习报告应包括实验目的、实验原理、实验电路、实验仪器、实验步骤、理论数据估算和数据记录表格等内容。

2．实验的进行

每次实验操作前，要认真听取老师对实验的讲解和要求，做好课堂笔记。检查仪器设备是否完好，如发现问题应及时反映给指导教师。

为了能在规定的时间内顺利完成实验内容，应掌握正确的接线方法和技巧。完成接线后，同组间应先做检查，然后请老师检查；经老师检查无误后方可通电实验。电路的连接可按以下原则和顺序进行：

1）连接电路前，先弄清仪器的接线方法和使用方法，明确各段线路中所连接仪表和仪器的规格。

2）合理地安排仪表的位置，既要考虑到整齐和易于接线，又要照顾到操作和读数的方便以及操作安全。

3）电路连线应尽量简单、整齐和清楚。

为了顺利有效地进行实验，实验小组成员之间应有合理分工，一人负责测量和记录数据，其余人员进行操作。担任记录者如对所测数据有疑问，则应重新测量和讨论，分析其原因，直到得到正确结果。另外，为使每个同学都得到训练，在每做完一个实验内容后，记录者与操作者应调换分工。

实验过程中不能只埋头读数和记录，应时刻注意是否出现异常现象。如有异常现象，应先切断电源，然后查找原因，待问题解决后再继续进行实验。

数据测量完毕后，应切断电源，但不要急于拆除线路。首先检查有无遗漏和分析操作是否正确，然后将测量数据送老师检查，经老师检查无误后方可拆除线路进行整理工作。

实验结束，将实验器材按要求摆放整齐，填写好仪器设备使用记录本后方可离开。

3．实验总结

在实验的基础上，对实验现象和数据进行整理分析，然后写出实验报告。编写实验报告的过程是一个从感性认识到理性认识的过程，也是一个加深理解和巩固理论知识的过程，更是培养严谨科学态度、提高综合素质的不可或缺的过程，因而必须重视并认真撰写实验总结报告。

实验报告的格式和内容如下：

1）实验名称、实验日期、班级、实验者、同组实验者、实验台号。

2）实验目的。

3）实验器材。

4）实验步骤及线路。

5）实验数据与现象，包括根据实验原始数据进行整理和计算后的结果，绘制好的波形与曲线（在坐标纸上绘制），对实验结果和曲线进行的必要说明。

6）回答实验教材中或老师在实验课上提出的问题。

7）实验体会（包括对实验的疑问及改进措施等）。

第2节　电工技术实验中常见故障的处理

实验过程中，由于各种各样的原因，不可避免地会出现一些故障。如果不能及时发现并排除故障，不仅会影响实验的正常进行，还会造成不必要的损失。故障分为硬故障和软故障两大类。硬故障可以造成元器件或仪器设备的损坏，常常伴有元器件过热、冒烟、有烧焦味、有吱吱声或爆竹似的爆炸声。软故障一般暂时不会造成元器件的损坏，但会使电路中电压、电流的数值不正常或者使信号的波形发生畸变，从而使电路不能正常工作。软故障通常是由接触不良、元器件性能变化等原因引起的，不易发现。

一、常见的故障

实验中发生的故障大概有以下几种：

（1）电源连接错误：①把交流电源的线电压当作相电压使用，或把相电压当作线电压使用（而线电压是相电压的 $\sqrt{3}$ 倍）；②直流电压源的输出电压超出规定值或极性接反，直流电流源的输出电流超出规定值或极性接反。

（2）电路连接错误。这种故障主要是粗心大意造成的，所以连接实验电路时要认真，并且连接好电路后要仔细检查。

（3）电源、实验电路、仪器仪表之间公共参考点选择不当或公共参考点连接错误。

（4）仪器仪表使用不当，如测量模式不对、量程选择不合适、读数错误等。

（5）干扰，如电源线干扰、接地线干扰、人体干扰、输入端悬空干扰等。

（6）元器件老化，如连接导线内部断裂、元器件参数值与标称值不符等。

二、故障的预防

为了能够顺利、安全地进行实验，减少或避免出现故障，应对实验中要用到的实验仪器设备、元器件进行必要的检查。

1. 通电前的检查

在连接实验电路前，先对所用的实验元器件、导线、实验仪器设备进行必要的检查。连接好实验电路后，不要立即通电，应先对实验电路进行以下几个方面的检查：

（1）检查实验电路中的设备和元器件是否符合要求，对有极性的元器件（如二极管、晶体管、电解电容等），检查其接法是否正确。

（2）检查实验电路的连接线是否正确，包括检查电源线、接地线、信号线连接是否正确；有无接触不良或短路现象；有无多接线或漏接的情况。

（3）检查所用实验仪器的工作模式是否正确、量程是否合适。

（4）检查电源电压是否正常。可用电压表检测电源电压是否符合要求。

2. 通电后的检查

接通电源后，要注意观察实验电路有无异常现象，如出现打火、冒烟、有异味、有异常声响时，应立即切断电源，并报告指导教师。待查出并排除故障后，经指导教师同意方可重新接通电源。

三、故障的检查与排除

故障的检查主要是找出发生故障的原因或发生故障的部位，进而排除故障。通常采用下面两种方法检查实验电路的故障。

1. 断电检查法

当出现具有破坏性的硬故障时，应采用断电检查法。首先切断电源，检查电路中有无短路、开路、元器件损坏等情况。在排除故障之前，不能通电，以防止引起更大的损失。

2. 通电检查法

可用电压表、示波器等仪器对电路中某部分的电压或波形进行检测，找出故障点，加以排除。另外，电路中可能同时存在多个故障，这些故障又可能相互影响。所以，在检查电路故障时一定要耐心细致，逐个检查、排除。

第3节 电工技术实验安全

实验安全包括人身安全和设备安全，任何疏忽都可能造成人身伤害或设备损坏，因此，关注实验安全是电路实验的基本要求。

一、人身安全

1. 触电及其危害

当人体接触到输电线或电气设备的带电部分时，电流就会流过人体，造成触电。触电对人的伤害分为电击和电伤。

电击为内伤，电流通过人体主要是损伤心脏、呼吸器官和神经系统。轻者会引起针刺、压迫打击感，发生肌肉痉挛、恶心、呼吸困难、血压升高、心律不齐，重者会引起心室颤动、心跳停止、呼吸停止、昏迷，甚至死亡。

电伤为电流通过人体外部发生的烧伤，或是电路放电时，电弧或飞溅物使人体外部被灼伤的现象，主要是由电流的热效应、化学效应及机械效应作用的结果。常见的有电弧烧伤、金属蒸汽灼伤、误操作或拉开较大感性负荷的开关以及载流导体长期接触形成的电烙印等，一般危及生命的可能性较小。

触电的危害性与通过人体的电流种类、大小、频率和电击时间有关。一般来讲，直流电对血液有分解作用，交流电则破坏神经系统。通常情况下直流电危害性小于交流电。在工频50Hz下，10mA以下的交流电流对人体还是安全的，人体可以忍受的电流极限值约为30mA左右；交流电压在50V以上，50~100mA的交流电流就有可能使人猝然死亡。25~300Hz的交流电对人体的伤害最重，当频率增高至2000Hz以上时，危险性相对降低，当达到10^5Hz时，即使流过电流为1A时也无太大危险。

2. 安全电压

流过人体的电流大小与触电的电压及人体的自身电阻有关。人体电阻因人而异，也与皮肤的干湿程度、洁净与否、粗糙与细腻程度有关。当皮肤干燥、洁净、无损时，人体电阻可达$(4 \sim 5) \times 10^4 \Omega$；在潮湿的环境中，人体的电阻则只有600~800Ω。根据这个平均数据，国际电工委员会规定了可长期保持接触的电压最大值，对于15~1000Hz的交流电，在正常的环境下，该电压为50V。根据工作场所和环境的不同，我国规定安全电压的标准有42、36、24、12、6V等规格。一般情况下安全电压为36V；在潮湿的环境下，选用24V；在潮湿、多导电尘埃、金属容器内等工作环境下，安全电压为12V；在特别危险的环境下（如人体浸在水中工作等），应选用更安全的电压，一般为6V。

3. 常见的触电方式

常见的触电方式可分为单线触电、双线触电和跨步触电三种。

（1）单线触电。当人体的某一裸露部位触碰到一根相线（俗称火线）或绝缘性能不好的电气设备外壳时，电流由相线经人体流入大地，这种触电方式称为单线触电（或称单相触电）。

单线触电分两种情况，一种是中性点接地的三线系统的单线触电，如图1-1（a）所示。在这种系统中发生单线触电时，相当于电源的相电压和人体电阻及接地电阻的串联电路。由于接地电阻较人体电阻小很多，所以加在人体上的电压值接近于电源的相电压。

另一种是中性点不接地的三线系统的单线触电，如图1-1（b）所示。在这种系统中发生单线触电时，电流通过人体、大地和输电线间的分布电容构成回路。显然，这时如果人体和大地绝缘良好，流经人体的电流就会很小，触电对人体的伤害就会大大减轻。这种供电系统仅局限在游泳池和矿井等特殊场合应用。

因现在广泛采用前一种三线系统，所以发生单线触电的机会也最多。此时人体承受的电压是相电压，在低压动力线路中为220V，这是很危险的。

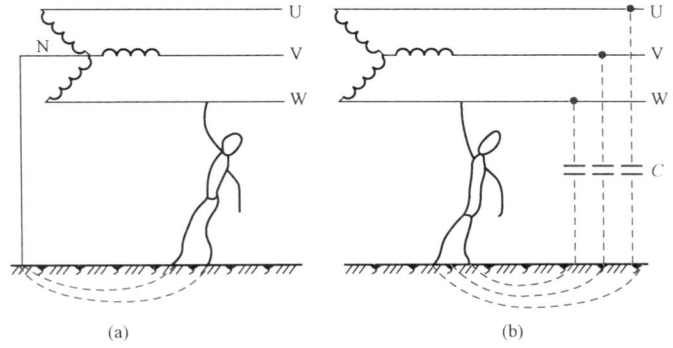

图1-1　单线触电

（a）中性点接地；（b）中性点不接地

（2）双线触电。当人体的不同部位分别接触到同一电源的两根不同相位的相线时，电流由一根相线经人体流到另一根相线的触电方式称为双线触电（或称双相触电），如图1-2所示。发生双线触电时，人体承受的电压是线电压，在低压动力线路中为380V，此时通过人体的电流将更大，而且电流的大部分经过心脏，所以比单线触电更危险。

（3）跨步触电。高压电线接触地面时，在距高压线不同距离的点之间存在电压降。当人体接近此区域时，两脚之间因所处电压降区域半径不同，需承受一定的电压，此电压称为跨步电压。由跨步电压引起的触电称为跨步电压触电，简称跨步触电。

若人体双脚跨步距离为0.8m，则在10kV高压线接地点20m以外、380V相线接地点5m以外才是安全的。跨步触电一般发生在高压设备附近，人体离接地体越近，跨步电压越大。因此在遇到高压设备时应慎重对待，如误入危险区域，应双脚并拢或单脚跳离危险区，以免发生触电伤害。

因此，为保证人身安全，实验过程中不允许用手接触没有绝缘的导线和接线端子，连接电路或改变电路时必须先断开电源，电路接通时应通知全组人员。

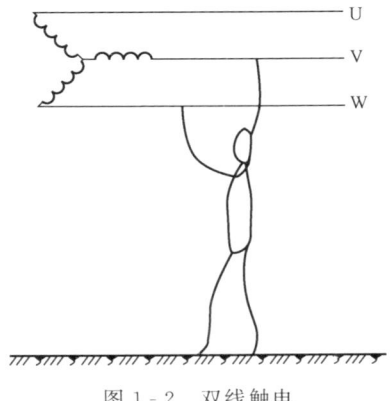

图1-2　双线触电

4. 触电急救

触电急救的基本原则是动作迅速、救护得法，切不可惊慌失措、束手无策。当发现有人触电时，必须使触电者迅速脱离电源，然后根据触电者的具体情况，进行相应的现场救护。

（1）脱离电源的方法。

1）拉断电源开关或刀开关。

2）拔去电源插头或熔断器的插芯。

3）用电工钳或有干燥木柄的斧子、铁锹等切断电源线。

4）用干燥的木棒、竹竿、塑料杆、皮带等不导电的物品拉或挑开导线。

5）救护者可戴绝缘手套或站在绝缘物上用手拉触电者，使其脱离电源。

以上通常用于脱离额定电压 500V 以下的低压电源，可根据实际情况选择。若发生高压触电，应立即告知有关部门停电；紧急时可抛掷裸金属软导线，造成线路短路，迫使保护装置动作以切断电源。

（2）触电急救。触电者脱离电源后，应立即进行现场紧急救护。触电者受伤不太严重时，应保持空气畅通，解开衣服以利呼吸，静卧休息，不要走动，同时请医生或送医院诊治。触电者失去知觉，呼吸和心跳不正常，甚至出现无呼吸、心脏停搏的假死现象时，应立即进行人工呼吸和胸外按压。

二、设备安全

电工仪器仪表属精密设备，使用或存放不当都会引起损坏或精度下降，因此在每次实验前，必须对所用设备的使用方法进行了解。实验中对所有实验仪器应轻拿轻放，选择合适的量程，如事先不能确定所选量程的大小，应从最高量程开始测量。闭合开关时应迅速而准确，此时应注意各仪表状态。在整个实验过程中，要随时注意有无异常的现象及焦糊气味，发现异常应立即切断电源，查找原因。

 第 2 章

电工测量与仪表基础知识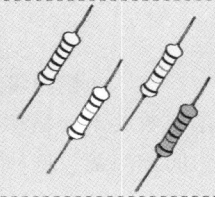

在自然界中，对于任何被研究的对象，若要定量地进行评价，必须通过测量实现。在电工电子技术领域中，正确的测量更为重要。电工仪表和电工测量是从事电工专业的技术人员必须掌握的一门知识。本章介绍电工测量和电工仪表的基本知识。

第1节 电工测量基础知识

一、电工测量的意义

电工测量就是借助于测量设备，把未知的电量或磁量与作为测量单位的同类标准电量或磁量进行比较，从而确定未知电量或磁量（包括数值和单位）的过程。

一个完整的测量过程，通常包含如下几个方面。

1. 测量对象

电工测量的对象主要是反映电和磁特征的物理量，如电流（I）、电压（U）、电功率（P）、电能（W）以及磁感应强度（B）等；反映电路特征的物理量，如电阻（R）、电容（C）、电感（L）等；反映电和磁变化规律的非电量，如频率（f）、相位（φ）、功率因数（$\cos\varphi$）等。

2. 测量方式和测量方法

测量方法的正确与否直接关系到测量工作能否正常进行和测量结果的有效性。根据测量的目的和被测量的性质，可选择不同的测量方式和测量方法。

3. 测量设备

对被测量与标准量进行比较的测量设备，包括测量仪器和作为测量单位参与测量的度量器。进行电量或磁量测量所需的仪器仪表，统称电工仪表。电工仪表是根据被测电量或磁量的性质，按照一定原理构成的。

电工测量中使用的标准电量或磁量是电量或磁量测量单位的复制体，称为电学度量器。电学度量器是电气测量设备的重要组成部分，它不仅作为标准量参与测量过程，而且是维持电磁学单位统一、保证量值准确传递的器具。电工测量中常用的电学度量器有标准电池、标准电阻、标准电容和标准电感等。

除以上三个主要方面外，测量过程中还必须建立测量设备所必需的工作条件；慎重地进行操作，认真记录测量数据；并考虑测量条件的实际情况进行数据处理，以确定测量结果和测量误差。

二、常用电工测量方式和测量方法

1. 测量方式的分类

测量方式主要有如下两种：

（1）直接测量。在测量过程中，能够直接将被测量与同类标准量进行比较，或能够直接用事先刻度好的测量仪器对被测量进行测量，从而直接获得被测量的数值的测量方式称为直接测量。例如，用电压表测量电压、用电能表测量电能以及用直流电桥测量电阻等都是直接测量。直接测量方式广泛应用于工程测量中。

（2）间接测量。当被测量由于某种原因不能直接测量时，可以通过直接测量与被测量有一定函数关系的物理量，然后按函数关系计算出被测量的数值，这种间接获得测量结果的方式称为间接测量。例如，用伏安法测量电阻是利用电压表和电流表分别测量出电阻两端的电压和通过该电阻的电流，然后根据欧姆定律 $R=U/I$ 计算出被测电阻 R 的大小。间接测量方式广泛应用于科研、实验室及工程测量中。

2. 测量方法的分类

（1）直接测量法。在测量过程中，能够直接将被测量与同类标准量进行比较，或能够直接用事先刻度好的测量仪器对被测量进行测量，从而直接获得被测量的数值的测量方式称为直接测量。例如，用电压表测量电压、用电能表测量电能以及用直流电桥测量电阻等都是直接测量。直接测量方式广泛应用于工程测量中。直接测量法具有简便、读数迅速等优点，但是它的准确度除受到仪表的基本误差的限制外，还由于仪表接入测量电路后，仪表的内阻被引入测量电路中，使电路的工作状态发生了改变，因此，直接测量法准确度较低。

（2）比较测量法。将被测量与度量器在比较仪器中直接比较，从而获得被测量数值的方法称为比较法。例如，用天平测量物体质量时，作为质量度量器的砝码始终都直接参与了测量过程。在电工测量中，比较法具有很高的测量准确度，可以达到 $\pm 0.001\%$，但测量时操作比较麻烦，相应的测量设备也比较昂贵。

根据被测量与度量器进行比较时的不同特点又可将比较法分为零值法、较差法和替代法三种。

1）零值法又称平衡法，它是利用被测量对仪器的作用，与标准量对仪器的作用相互抵消，由指零仪表做出判断的方法。即当指零仪表指示为零时，表示两者的作用相等，仪器达到平衡状态；此时按一定的关系可计算出被测量的数值。显然，零值法测量的准确度主要取决于度量器的准确度和指零仪表的灵敏度。

2）较差法是通过测量被测量与标准量的差值，或正比于该差值的量，根据标准量来确定被测量的数值的方法。较差法可以达到较高的测量准确度。

3）替代法是分别把被测量和标准量接入同一测量仪器，在标准量替代被测量时，调节标准量，使仪器的工作状态在替代前后保持一致，然后根据标准量来确定被测量的数值。用替代法测量时，由于替代前后仪器的工作状态是一样的，因此仪器本身性能和外界因素对替代前后的影响几乎是相同的，有效地克服了所有外界因素对测量结果的影响。替代法测量的准确度主要取决于度量器的准确度和仪器的灵敏度。

（3）间接测量法。当被测量由于某种原因不能直接测量时，可以通过直接测量与被测量有一定函数关系的物理量，然后按函数关系计算出被测量的数值，这种间接获得测量结果的方式称为间接测量。例如，用伏安法测量电阻，是利用电压表和电流表分别测量出电阻两端的电压和通过该电阻的电流，然后根据欧姆定律 $R=U/I$ 计算出被测电阻 R 的大小。间接测量方式广泛应用于科研、实验室及工程测量中。

测量过程中，到底选用哪种测量方法，要由被测量对测量结果准确度的要求及实验条件是否可能等各种因素决定。

第 2 节 测 量 误 差 与 准 确 度

在测量过程中，由于受到测量方法、测量设备、实验条件及观测经验等多方面因素的影响，测量结果不可能是被测量的真实数值，而只是它的近似值；即任何测量的结果与被测量的真实值之间总是存在着差别，这种差别称为测量误差。

一、测量误差的分类

根据产生测量误差的原因，可以将其分为系统误差、偶然误差和疏失误差三大类。

1. 系统误差

能够保持恒定不变或按照一定规律变化的测量误差，称为系统误差。系统误差主要是由于测量设备、测量方法的不完善和测量条件的不稳定而引起的。系统误差按照误差来源可分为以下四种：

1）基本误差。由于测量仪器仪表本身结构和制作上的不完善而产生的误差。

2）附加误差。由于仪器使用时未能满足其所规定的使用条件而产生的误差，如电压、频率、温度、仪器安装位置等都会引起这种附加误差。

3）方法误差。也称理论误差。由于测量方法不完善或测量所依据的理论不完善等原因而造成的误差。

4）人身误差。也称个人误差。是由于测量人员感觉不完善而导致的误差，这类误差往往因人而异，并与个人当时的心理和生理状态密切相关。

由于系统误差表示了测量结果偏离其真实值的程度，即反映了测量结果的准确度，所以在误差理论中，经常用准确度来表示系统误差的大小。系统误差越小，测量结果的准确度就越高。

2. 随机误差

随机误差又称偶然误差，是一种大小和符号都不确定的误差，即在同一条件下对同一被测量重复测量时，各次测量结果服从某种统计分布；这种误差的处理依据概率统计方法。产生随机误差的原因很多，如温度、磁场、电源频率等的偶然变化等都可能引起这种误差；另外，观测者本身感官分辨能力的限制，也是随机误差的一个来源。随机误差具有如下几个特点：

1）有界性。在一定测量条件下，随机误差的绝对值不会超过一定的界限。

2）单峰性。绝对值小的误差出现的机会多于绝对值大的误差。

3）对称性。当测量次数足够多时，正负误差出现的机会相等。

系统误差和随机误差是两类性质完全不同的误差。系统误差反映在一定条件下误差出现的必然性；而随机误差则反映在一定条件下误差出现的可能性。

3. 疏失误差

疏失误差又称过失误差，是测量过程中操作、读数、记录和计算等方面的错误所引起的误差。显然，凡是含有疏失误差的测量结果都是应该摒弃的。

二、测量误差的消除方法

测量误差是不可能绝对消除的，但要尽可能减小误差对测量结果的影响，使其减小到允许的范围内。

消除测量误差，应根据误差的来源和性质，采取相应的措施和方法。必须指出，一个测量结果中既存在系统误差，又存在偶然误差，要截然区分两者是不容易的。所以应根据测量的要求和两者对测量结果的影响程度，选择消除方法。一般情况下，在对精密度要求不高的工程测量中，主要考虑对系统误差的消除；而在科研、计量等对测量准确度和精密度要求较高的测量中，必须同时考虑消除上述两种误差。

1. 系统误差的消除

1) 对测量仪表进行校正。在测量之前，对测量中所使用的仪器仪表用更高准确度的仪器仪表进行校准，做出它们的校正曲线或表格。在测量时，根据这些曲线或表格可以对测试所得的数据引入校正值，这样由仪表基本误差引起的系统误差就能减小到可以忽略的程度。

2) 消除产生误差的根源。即正确选择测量方法和测量仪器，尽量使测量仪表在规定的使用条件下工作，消除各种外界因素造成的影响。

3) 采用特殊的测量方法。如正负误差补偿法、替代法等。例如，用电流表测量电流时，考虑到外磁场对读数的影响，可以把电流表转动 180°，进行两次测量。在两次测量中，必然出现一次读数偏大，而另一次读数偏小，取两次读数的平均值作为测量结果，其正负误差抵消，可以有效地消除外磁场对测量的影响。

2. 随机误差的消除

消除随机误差可采用在同一条件下，对被测量进行足够多次的重复测量，取其平均值作为测量结果的方法。根据统计学原理可知，在足够多次的重复测量中，正误差和负误差出现的可能性几乎相同，因此偶然误差的平均值几乎为零。所以，在测量仪器仪表选定以后，测量次数是保证测量精密度的前提。

3. 疏失误差的消除

疏失误差完全是人为因素造成的。因此，为了消除疏失误差，必须提高操作人员的测试技能和工作责任心。对于疏失所得的测量结果应予舍弃。

三、测量误差的表示方法

测量误差通常用绝对误差、相对误差、引用误差和容许误差四种表示方法。

1. 绝对误差

仪表的指示值 A_x 与被测量的真实值 A_0 的差值称为绝对误差，用 Δ 表示。由于被测量的真实值往往是很难确定的，所以实际测量中，通常用标准表的指示值或多次测量的平均值作为被测量的真实值 $\overline{A}_0$。

2. 相对误差

测量的绝对误差 Δ 与被测量真实值 $\overline{A}_0$ 之比，称为相对误差 γ，实际测量中通常用标准表的指示值或多次重复测量的平均值作为被测量的真实值，即

$$\gamma = \frac{\Delta}{\overline{A}_0}$$

或用百分误差表示为

$$\gamma = \frac{\Delta}{\overline{A}_0} \times 100\%$$

百分误差也称为相对误差。显然，相对误差越小准确度越高。

3. 引用误差

相对误差可以表示测量结果的准确程度，但不能全面反映仪表本身的准确程度。同一只仪表在测量不同的被测量时，其绝对误差变化不大。但随着被测量的变化，仪表指示值 A_x 可在仪表的整个量程范围内变化。因此，每只仪表在全量程范围内各点的相对误差是不相同的。为此，工程上采用引用误差来反映仪表的准确程度。

引用误差定义为绝对误差 Δ 与测量仪表测量的上限 A_m（即仪表的满刻度值）之比的百分数，表示为

$$\gamma_{\mathrm{m}} = \frac{\Delta}{A_{\mathrm{m}}} \times 100\%$$

由上式可知，引用误差是相对误差的一种特殊形式，实际是仪表测量上限的相对误差。因此，知道仪表的引用误差后，便可根据仪表测量上限 A_{m}，将测量上限的绝对误差 Δ 求解出来。在 Δ 值基本不变的情况下，又可以把不同量程下的相对误差估算出来。

由于仪表的测量上限是一个常数，而仪表的绝对误差又大体上保持不变，因此可以用引用误差来表示仪表的准确度。

4. 容许误差

容许误差是指测量仪器在使用条件下可能产生的最大误差范围，它是衡量测量仪器质量的最重要的指标之一。测量仪器的准确度、稳定度等指标都可用容许误差来表征。

四、准确度

1. 指示仪表的准确度

指示仪表在测量值不同时，其绝对误差多少有些变化。为了使引用误差能包括整个仪表的基本误差，工程上规定以最大引用误差来表示仪表的准确度。

仪表的最大绝对误差 Δ_{m} 与仪表测量上限 A_{m} 比值的百分数，叫做仪表的准确度 K。准确度用百分数来表示，即

$$\pm K\% = \frac{\Delta_{\mathrm{m}}}{A_{\mathrm{m}}} \times 100\%$$

最大引用误差越小，仪表的基本误差也越小，准确度就越高。

2. 数字仪表的准确度

数字式仪表的基本误差同指示仪表一样也是用准确度来表示。数字式仪表的误差来源于构成数字式仪表的转换器、分压器等产生的误差，以及数字式仪表在测量过程中进行数字化处理带来的误差。这两部分误差的大小反映了仪表的准确性。因此，数字式仪表的准确度通常用绝对误差表示。

第 3 节　电工测量仪表的基础知识

电工仪表是实现电磁测量过程所需技术工具的总称。它不仅可以用来测量各种电量，还可以利用相应变换器的转换来间接测量各种非电量，如温度、压力等。按仪器仪表出现的先后顺序和先进性，可将仪器仪表划分为三大类产品。第一类产品是模拟式仪器仪表，又称指示仪表。这种仪表至今仍在各种场合广泛地使用着。比如指针式的电压表、电流表、功率表等。第二类产品是数字式仪器仪表，它在准确度和灵敏度等各方面都远远优于模拟式仪表。这类仪器仪表的基本原理是将模拟量变为数字量，采用逻辑运算硬件电路实现测量功能。这类仪器仪表的发展很快，目前正在各个领域被广泛地使用。第三类产品是智能仪器仪表，它的基本原理是借助微处理器（CPU）或计算机（PC）采用软件替代部分硬件实现逻辑运算与数据传输、存储等功能，所以也称之为微机化仪器仪表。它具有数据采集、显示数字处理及优化和控制功能。智能仪器仪表将朝开放仪器的体系结构（PC 仪器系统）和虚拟仪器方向发展，是今后各个时期仪器仪表发展的一个重要方向。

一、电工指示仪表的基本原理与组成

电工指示仪表的基本原理是把被测电量或非电量变换成仪表指针的偏转角。因此它也称为

机电式仪表，即用仪表指针的机械运动来反映被测电量的大小。电工指示仪表通常由测量线路和测量机构两部分组成。测量机构是实现电量转换为指针偏转角，并使两者保持一定关系的机构。它是电工指示仪表的核心部分。测量线路将被测电量或非电量转换为测量机构能直接测量的电量，测量线路的构成必须根据测量机构能够直接测量的电量与被测量的关系来确定；它一般由电阻、电容、电感或其他电子元件构成。

二、电工指示仪表的分类、标志和型号

1. 电工指示仪表的分类

电工指示仪表可以根据原理、结构、测量对象、使用条件等进行分类。

1）根据测量机构的工作原理分类，可以把仪表分为磁电系、电磁系、电动系、感应系、静电系、整流系等。

2）根据测量对象分类，可以分为电流表（安培表、毫安表、微安表）、电压表（伏特表、毫伏表、微伏表以及千伏表）、功率表（又称瓦特表）、电能表、欧姆表、相位表等。

3）根据仪表工作电流的性质分类，可以分为直流仪表、交流仪表和交直流两用仪表。

4）按仪表使用方式分类，可以分为安装式仪表和可携式仪表。

5）按照仪表的防御外磁场和电场的性能分为Ⅰ、Ⅱ、Ⅲ、Ⅳ四个等级。Ⅰ级仪表在外磁场或外电场的影响下，允许其指示值改变±0.5%；Ⅱ级仪表允许改变±1.0%；Ⅲ级仪表允许改变±2.5%；Ⅳ级仪表允许改变±5.0%。

6）按仪表的使用条件分类，可以分为A、A1、B、B1和C五组。有关各组的规定可以查阅GB 776—1976《电测量指示仪表通用技术条件》。

7）按仪表的准确度分类，电流表、电压表的准确度有11个等级，其对应的基本误差见表2-1。

表2-1　　　　　电压、电流表的准确度等级及其对应的基本误差

准确度等级	0.05	0.1	0.2	0.3	0.5	1.0	1.5	2.0	2.5	3.0	5.0
基本误差（%）	±0.05	±0.1	±0.2	±0.3	±0.5	±1.0	±1.5	±2.0	±2.5	±3.0	±5.0

有功功率表和无功功率表分为10个等级，分别为0.05、0.1、0.2、0.3、0.5、1.0、1.5、2.0、2.5级和3.5级。

相位表和功率因数表分为10个等级，分别为0.1、0.2、0.3、0.5、1.0、1.5、2.0、2.5、3.0级和5.0级。

电阻表有12个等级，分别为0.05、0.1、0.2、0.5、1.0、1.5、2.0、2.5、3.0、5.0、10级和20级。

根据被测量的名称分类，有电流表（安培表A、毫安表mA、微安表μA）、电压表（伏特表V、毫伏表mV），功率表（瓦特表W），高阻表（绝缘电阻表、兆欧表MΩ），欧姆表（Ω），电能表（kWh），相位表（φ），频率表（Hz）。

按仪表的工作位置可分为水平使用和垂直使用两种，分别用"⊓"和"⊥"两种符号表示。

上面所说的电工仪表的分类方法，实际上是通过不同的角度来反映仪表的技术性能。通常，在直读式电工仪表的刻度盘上都标有一些符号来说明上述各种技术性能。

2. 电工指示仪表的标志

电工指示仪表的表盘上有许多表示其技术特性的标志符号。根据国家标准的规定，每一个

仪表必须有表示测量对象的单位、准确度等级、工作电流的种类、相数、测量机构的类别、使用条件级别、工作位置、绝缘强度试验电压的大小、仪表型号和各种额定值等标志符号。可参见表 2-2～表 2-4。

表 2-2　　　　　　　　　常见电工指示仪表和附件的表面标志符号

名称	称号	名称	称号	名称	称号	名称	称号
千安	kA	兆兆欧	TΩ	千瓦	kW	毫韦伯/米²	mT
安培	A	兆欧	MΩ	瓦特	W	微法	μF
毫安	mA	千欧	kΩ	兆乏	Mvar	微微法	pF
微安	μA	欧姆	Ω	千乏	kvar	亨	H
千伏	kV	毫欧	mΩ	乏尔	var	毫亨	mH
毫伏	mV	微欧	μΩ	兆赫	MHz	微亨	μH
微伏	μV	库仑	C	千赫	kHz	摄氏度	℃
兆瓦	MW	毫韦伯	mWb	赫兹	Hz		

表 2-3　　　　　　　　　　　　　仪 表 使 用 条 件

分组 类别　　　　　　　　　　环境条件参数		A 组	B 组	C 组
工作条件	温度（℃）	0～40	−20～+50	−40～+60
	相对湿度（当时温度℃）	95%（+25）	95%（+25）	95%（+35）
最恶劣条件	温度（℃）	−40～+60	−40～+60	−50～+65
	相对湿度（当时温度℃）	95%（+35）	95%（+35）	95%（+60）

表 2-4　　　　　　　　　　　　　仪表工作原理的图形符号

名　　称	符　　号	名　　称	符　　号
磁电系仪表		电磁系比率表	
磁电系比率表		电动系仪表	
电磁系仪表		电动系比率表	

续表

名　　　称	符　　　号	名　　　称	符　　　号
铁磁电动系仪表		整流系仪表 （带半导体整流器和 磁电系测量机构）	
铁磁电动系比率表		热电系仪表 （带接触式热变换器和 磁电系测量机构）	
感应系仪表		静电系仪表	

3. 电工指示仪表的型号

安装式仪表型号的组成如图2-1所示。其中第一位代号按仪表面板形状最大尺寸特征编制；系列代号按测量机构的系列编制，如磁电系代号为"C"，电磁系代号为"T"，电动系代号为"D"等。

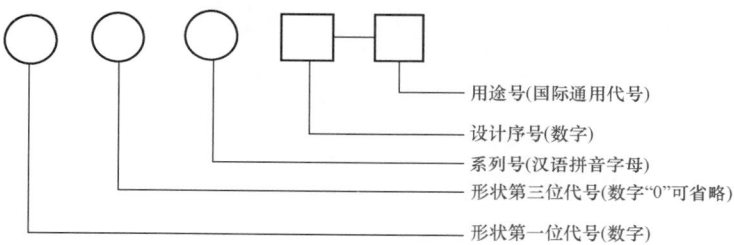

图2-1　安装式仪表型号的编制规则

可携式仪表型号的组成。由于可携式仪表不存在安装问题，所以将安装式仪表型号中的形状代号省略，即是它的产品型号。

4. 对电工指示仪表的主要技术要求

1）足够的准确度。

2）合适的灵敏度。

3）仪表本身消耗的功率小。

4）良好的读数装置。

第4节　磁电系仪表

一、磁电系测量机构

1. 结构和工作原理

（1）结构。通常的磁电系测量机构由固定的磁路系统和可动线圈两部分组成。其结构如图2-2所示。

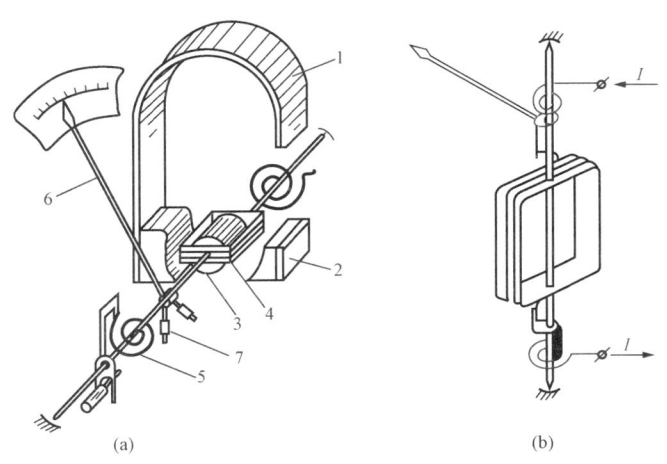

图 2 - 2 磁电系测量机构的结构示意图

（a）测量机构；（b）电流途径

1—永久磁铁；2—极掌；3—圆柱形铁芯；4—可动线圈；5—游丝；6—指针；7—平衡锤

磁路系统包括永久磁铁 1，固定在磁铁两极的极掌 2 和处于两个极掌之间的圆柱形铁芯 3。圆柱形铁芯 3 固定在仪表支架上，使两个极掌与圆柱形铁芯之间的空隙中形成均匀的辐射状磁场。可动部分由绕在铝框架上的可动线圈 4、指针 6、平衡锤 7 和游丝 5 组成。可动线圈两端装有两个半轴支承在轴承上，而指针、平衡锤及游丝的一端固定安装在半轴上。当可动部分发生转动时，游丝变形产生与转动方向相反的反作用力矩。另外，游丝还具有把电流导入可动线圈的作用。

（2）工作原理。磁电系测量机构的基本原理是利用可动线圈中的电流与气隙中磁场相互作用，产生电磁力，可动线圈在力矩的作用下发生偏转，因此称这个力矩为转动力矩。可动线圈的转动使游丝产生反作用力矩，当反作用力矩与转动力矩相等时，可动线圈将停留在某一位置上，指针也相应停留在某一位置上。磁电系测量机构产生转动力矩的原理如图 2 - 3 所示。

2. 技术特性和应用范围

（1）技术特性。

1）准确度高。磁电系测量机构由于采用了永久磁铁，且工作气隙比较小，所以气隙磁场的磁感应强度较大，可以在很小的电流作用下，产生较大的转动力矩。可以减小由于摩擦、外磁场等原因引起的误差，提高了仪表的准确度。磁电系测量机构的准确度可以达到 0.1～0.05 级。

2）灵敏度高。仪表消耗的功率很小。

3）表盘刻度尺的刻度均匀，便于读数。

4）过载能力小。由于被测电流通过游丝导入可动线圈，所以电流过大容易引起游丝发热使弹性发生变化，产生不允许的误差，甚至可能因过热而烧毁游丝。另外，可动线圈的导线横截面很小，电流过大也会使线圈发热甚至烧毁。

5）只能测量直流。这是因为，如果在磁电系测量机构

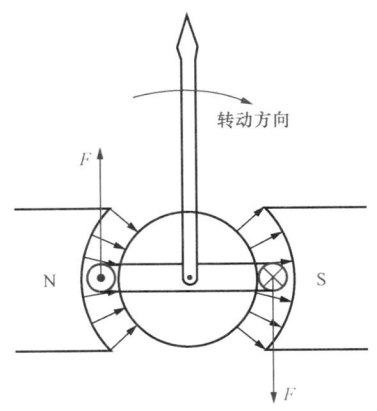

图 2 - 3 磁电系测量机构产生
转动力矩的原理图

中直接通入交流电流，则所产生的转动力矩也是交变的，可动部分由于惯性作用而来不及转动。

（2）应用范围。磁电系测量机构主要用于直流仪表，在直流标准表、便携式和安装式仪表中都得到广泛应用。

磁电系测量机构的过渡电量是直流电流，只要把被测电量通过测量线路按一定关系变换为直流电流，就可以用它来构成不同功能、不同量程的仪表。

二、磁电系电流表

磁电系电流表根据量程不同，可分为微安表、毫安表、安培表及千安表四类。

1. 结构和工作原理

（1）结构。磁电系电流表由磁电系测量机构（也称表头）和测量线路（分流器）构成。图 2-4 所示是最基本的磁电系电流表电路。图中 R_a 是分流电阻，它并接在测量机构的两端。由于磁电系测量机构的过载能力很小，如果直接用于电流测量，则电流量程很小，往往只有几十

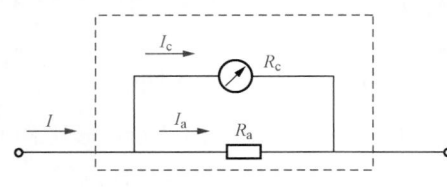

图 2-4　电流表的分流

微安至几十毫安。所以必须用分流器扩大其量程，才能适应从微安级到千安级的电流测量要求。分流器（即分流电阻）的作用是对被测电流 I 分流，使得通过表头的电流 I_c 能够被表头承受，并使电流 I_c 与被测电流 I 之间保持严格的比例关系。

在一个电流表中，采用不同电阻值的分流电阻，可以制成多量程电流表，如图 2-5 所示。多量程电流表的分流器可以有两种连接方法，一种是开路连接方式，如图 2-5（a）所示，它的优点是各量程具有独立的分流电阻，互不干扰，调整方便。但它存在着严重的缺点，因为开关的接触电阻包含在分流电阻支路内，使仪表的误差增大，甚至会因开关接触不良引起电流过大而损坏表头。所以开路连接方式实际上是不采用的。实用的多量程电流表的分流器都采用图 2-5（b）所示的闭路连接方式，在这种电路中，对应每个量程在仪表外壳上有一个接线柱。在一些多用仪表中，也有用转换开关切换量程的。它们的接触电阻对分流关系没有影响，即对电流表误差没有影响，也不会使表头过载。但这种电路中，任何一个分流电阻的阻值发生变化时，都会影响其他量程，所以调整和修理比较麻烦。

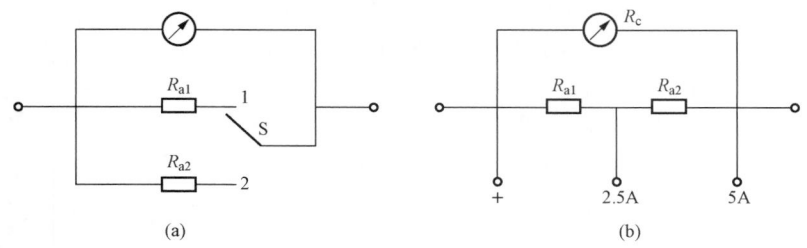

(a)　　　　　　　　　　　　　　　(b)

图 2-5　多量程电流表电路图

（a）分流器的开路连接；（b）分流器的闭路连接

（2）工作原理。下面着重分析分流器扩大量程的基本原理。

如图 2-4 所示，根据欧姆定律和并联电路的特点，可以得到

$$I_c R_c = I \frac{R_c R_a}{R_c + R_a}$$

所以

$$I_c = \frac{R_a}{R_c + R_a} I \qquad (2-1)$$

对某一电流而言，R_c 和 R_a 是固定不变的，所以通过表头的电流 I_c 与被测电流 I 成正比。根据这一正比关系对电流表刻度尺进行计算，就可以指示出被测电流 I 的大小。

如果用 n 表示量程扩大的倍数，即

$$n = \frac{I}{I_c}$$

由式（2-1）可得

$$R_a = \frac{1}{n-1} R_c \qquad (2-2)$$

式（2-2）表明，将表头的电流量程扩大 n 倍，则分流电阻 R_a 的阻值应为表头内阻 R_c 的 $(n-1)$ 分之一，即量程扩大的倍数越大，分流电阻的阻值就越小。另外，当确定表头及需要扩大量程的倍数以后，可以由式（2-2）计算出所需的分流电阻的阻值。

2. 使用方法

（1）合理选择电流表。根据被测量准确度的要求，合理选择电流表的准确度。一般讲，0.1～0.2 级磁电系电流表适合于标准表及精密测量中；0.5～1.5 级适合用于实验室中进行测量；1.0～5.0 级磁电系仪表适合用于工矿企业中作为电气设备运行监测和电气设备检修使用。

根据被测电流大小选择相应量程的电流表。

根据使用环境，选择适合电流表使用条件的组别。

合理选择电流表内阻。对电流表，要求其内阻越小越好，通常要求电流表的内阻要小于被测电路内阻阻值的百分之一。

（2）测量前，应检查电流表指针是否对准"0"刻度线。

（3）测量时，应将电流表串接于被测电路的低电位一侧。应注意流入电流表中的电流极性和量程的选择。

（4）读数时，应让指针稳定后再进行读数，并尽量保持视线与刻度盘垂直。如果刻度盘上有反光镜，应使指针在镜中的影像重合，以减小误差。

三、磁电系电压表

1. 结构和工作原理

（1）结构。磁电系电压表由磁电系测量机构和测量线路组成。图 2-6 是磁电系电压表的基本电路。其中，R_a 是附加电阻，它与测量机构串联在一起（要注意和磁电系电流表的不同）。附加电阻的作用是为了克服磁电系测量机构不能测量大量程电压的缺点，并可对测量机构构成串联温度补偿电路，以补偿测量机构的动圈、游丝等部分随温度变化而变化对测量的影响。利用多个与测量机构串联的附加电阻，可以构成多量程电压表。

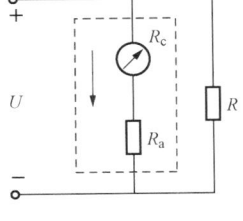

图 2-6　磁电系电压表
基本电路

R_a—附加电阻；
R_c—表头电阻

（2）工作原理。如图 2-6 所示，根据欧姆定律有

$$I_c = \frac{U}{R_a + R_c}$$

即得

$$U_c = I_c R_c = U - I_c R_a \qquad (2-3)$$

$$\alpha = \frac{S_I}{R_a + R_c} U = S_U U \tag{2-4}$$

式中　　α——指针偏转角；

　　　　S_I——磁电系测量机构的灵敏度；

　　　　S_U——磁电系电压表的灵敏度。

由式（2-3）可知，附加电阻与测量机构串联后，测量机构两端的电压 U_c 只是被测电路 a、b 两端电压 U 的一部分，而另一部分电压被附加电阻 R_a 所分压。适当选择附加电阻的大小，即可将测量机构的电压量程扩大到所需要的范围。

由式（2-4）可知，在选定测量机构的前提下，串联的附加电阻越大，仪表对电压的灵敏度就越低，电压量程就越大。

在测量电压时，由于磁电系电压表是并联接于被测电路的两端，因此其内阻的大小是电压表的一个重要参数。内阻越大，则电压表接入被测电路后的分流作用越小。对被测电路工作状态的影响越小，测量误差就越小。显然，电压表的内阻，应为测量机构的电阻 R_c 与附加电阻 R_a 的串联之和，对一定的电压表，量程越大则内阻也越大。所以，电压表铭牌上标注的内阻，是电压表各量程的内阻与相应电压量程限值的比值，其单位是欧/伏。对量程不同的电压表而言，内阻（Ω/V）越高，则说明电压表的表头灵敏度越高。

2. 磁电系仪表的技术特性

磁电系电压表除具有磁电系仪表共同的技术特性外，还具有以下特性：

1）量程范围广。利用外附加电阻，其量程可从毫伏级至千伏级。

2）内阻较高，对被测电路影响小。

磁电系电压表主要应用于直流电压的测量，可以制成便携式和安装式电压表。

3. 使用维护方法

磁电系电压表的使用与维护方法如下：

1）正确选择磁电系电压表。根据被测电路的性质以及测量的目的，合理选择其准确度等级、量程、内阻和使用条件等技术指标。

2）测量时应将电压表并联接入被测电路。

3）对多量程电压表，当需要变换量程时，应将电压表与被测电路断开后，再改变量程。

4）电压表不使用时，应妥善保管。对量程较小的电压表，不使用时应将其正、负端钮用导线短接，以避免外界电磁信号的干扰。

第5节　电磁系仪表

电磁系仪表是一种交直流两用的电测量仪表。其测量机构主要由固定线圈和可动铁芯所组成。由于该系仪表结构简单牢固、过载能力强、成本较低以及便于制造，所以在安装式和可携式仪表中得到了广泛的应用。

一、电磁系仪表的结构和工作原理

电磁系仪表的结构有三种：吸引型结构、推斥型结构和推斥吸引型结构。下面以吸引型为例说明一下电磁系仪表的工作原理。

吸引型的电磁系仪表的结构如图2-7所示，它由固定线圈1和偏心安装在转轴上的铁片2所组成。它的转动部分除铁片2外，还有指针3和产生反抗力矩的游丝5。

吸引型的电磁系仪表的工作原理如图2-8所示。当电流通过线圈时，在线圈的附近就有磁场存在（磁场的方向可由右手螺旋定则确定），在线圈的两端就呈现磁性，使可动铁片被磁化，如图2-8（a）所示，结果对这铁片产生吸引力，从而产生转动力矩，引起指针发生偏转。当这转动力矩与游丝产生的反抗力矩相平衡时，指针便稳定在某一位置，从而指示出被测电流（或电压）的数值来。由此可见，吸引型电磁系仪表是选用通有电流的线圈和铁片之间的吸引力来产生转动力矩的。当线圈中的电流方向改变时，线圈所产生的磁场的极性和被磁化的铁片的极性也随着改变，如图2-8（b）所示。因此它们之间的作用力仍保持原来的方向，所以指针偏转的方向也不会改变。可见这种吸引型的电磁系仪表可以应用于交流电路中。

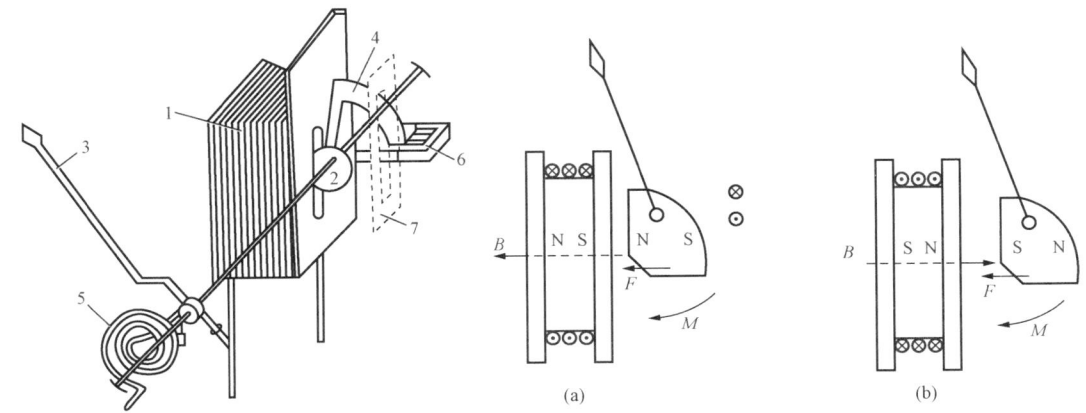

图2-7　吸引型电磁系仪表结构图
1—固定线圈；2—动铁片；3—指针；4—扇形铝片；
5—游丝；6—永久磁铁；7—磁屏

图2-8　吸引型电磁系仪表的工作原理
（a）力矩的产生；（b）极性的改变

吸引型的电磁系仪表有如下特点：

1）它是利用线圈的磁场对铁芯的吸引作用发生偏转的。

2）标尺不均匀系数较大，一般只在准确度等级不高的0.5级以下的仪表中广泛使用。

3）铁芯形状一般是切边的正圆形，偏心固定在转轴上，用以改善刻度特性。

4）内部磁场较弱，易受外界磁场的影响。由于扁线圈的安匝数较少，磁场分布是线圈中间较强，两头较弱，所以扁线圈结构受外界磁场的影响要大些。

5）这类结构的仪表大部分装有分磁片，分磁片是由软磁材料做成的，移动它，可以影响线圈中的磁场分布，达到调整转动力矩，从而改变刻度特性。

二、电磁系仪表的技术特性

电磁系仪表的主要技术特性有：

1）仪表结构简单，过载能力强（因为电磁系测量机构的活动部分不通过电流）。

2）交直流两用。

3）价钱便宜（安装式）。

4）电磁系仪表的结构中包含铁磁物质（铁片），而铁磁物质存在着磁滞现象，使这种仪表的准确度较低。但在可携式仪表中，测量机构选择高导磁材料做铁芯，并适当选择线圈形状、尺寸和补偿电路，可使仪表的准确度得到提高。

5）电磁系仪表的磁场是由固定线圈通过电流而建立的，它所建立的磁场较之磁电系永久磁铁的磁场要弱得多，所以它的灵敏度要低得多。当用作电流表时，由于要保证一定的安匝数，线圈匝数不能太少，使内阻相应较大，当用作电压表时，由于要保证线圈通过一定大小的电流，其相应的附加电阻不能太大，从而使内阻又显得过小。现在国产的电磁系电流表内部压降约从几十到几百毫伏；电压表内阻每伏几十欧姆以上。

6）消耗功率较大，一般安培表消耗功率达 2～8W，电压表消耗功率达 2～5W。

7）电磁系仪表的磁场是由于电流通过固定线圈而建立起来的，其磁路几乎全部处在空气中，因此本身磁场较弱，即使采取了防御磁场的措施，其受外磁场的影响远较磁电系仪表严重。

8）电磁系电压表由于线圈的匝数较多，相应感抗较大，随着频率的变化，其感抗也将变化，给读数带来影响，因此电磁系仪表不适宜用于频率高的电路中。

由上看出，电磁系仪表虽然有某些缺点，但由于它具有结构简单、价钱便宜、过载能力强等独特优点，使它得到了广泛的应用。目前，电磁系测量机构主要用来制成交直流电流表、电压表，特别是开关板式的交流电流表和电压表一般都采用它。

第6节 电动系仪表

一、电动系仪表的结构和工作原理

电动系仪表的结构如图 2-9 所示，电动系仪表有两个线圈，即固定线圈（简称定圈）和活

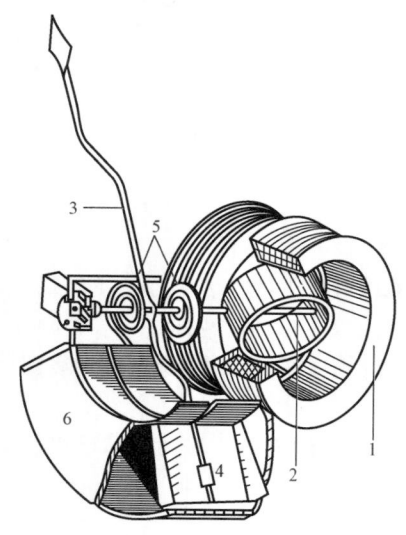

图 2-9 电动系测量机构
1—固定线圈；2—活动线圈；3—指针；
4—阻尼片；5—游丝；6—阻尼盒

动线圈（简称动圈）。图中 2 为动圈，它和转轴固接在一起，转轴上装有指针 3。1 为定圈，它又分成两部分，彼此平行排列。这样可以使两个线圈之间的磁场比较均匀。反抗力矩由游丝 5 产生。

当定圈通过电流 I_1 时，在定圈中就建立磁场（磁感应强度为 B）。在动圈中通以电流 I_2 时，则将在定圈磁场中受到电磁力 F 的作用而产生转动力矩，如图 2-10（a）所示，使仪表的活动部分发生偏转，直到转动力矩与游丝所产生的反抗力矩互相平衡时才停止，指示出读数来。

如果电流 I_1 的方向和 I_2 的方向同时改变，如图 2-10（b）所示，则电磁力 F 的方向不会改变，因此电动系仪表能够用于交流。

二、电动系仪表的技术特性

1. 优点

1）准确度高。因为这种仪表内没有铁磁物质的缘故，它的准确度可以高达 0.1 级至 0.5 级。

2）可以交直流两用。对于非正弦交流电路也同样可以适用。

3）能构成多种线路测量各种电量，如电压、电流、功率、频率、相位等。

2. 缺点

1）仪表读数容易受外磁场影响。这是因为它本身由固定线圈所建立的磁场较弱的缘故。因此，在一些精密度较高的仪表中，需要采取一定的措施以消除外磁场对测量结果的影响。

2）仪表本身消耗的功率比较大。安培表的消耗功率为 3.5～10W；伏特表的消耗功率为

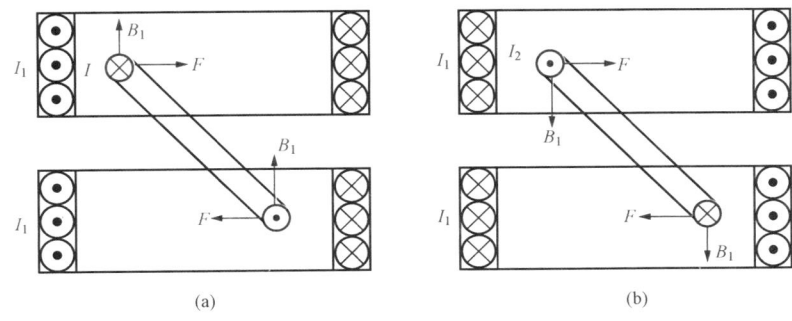

图 2 - 10　电动系仪表的工作原理

（a）转动力矩的产生；（b）电流方向改变时力的方向不变

3～6W；瓦特表的消耗功率为 15W 左右。这种型式的电流表的内阻比较大，而电压表的内阻较小。

3）仪表的过载能力小。因为活动线圈中的电流是靠游丝引流的缘故，如果过载，则游丝易于烧断或变质。

4）刻度不均匀。在标尺的起始部分的读数极不准确，有些仪表上，标尺的起始部分有一黑点作为标记，表明在此标记以下部分不能使用。

第7节　常用数字仪表

所谓数字式仪表，就是将被测对象离散化、数据处理后以数字形式显示的仪表。第一台数字仪表出现于 20 世纪 50 年代初，之后随着电子技术的迅猛发展，数字式仪表与数字化测量技术获得了迅速的发展。目前国内外已有许多种测量各种量并具有很宽技术特性范围的数字仪表，如电压表、电流表、功率表、电能表、计数器、万用表、频率计等。

数字式仪表与模拟式指示仪表相比具有很多优点。比如准确度高、灵敏度高、输入阻抗高、操作简单、测量速度快等。数字式仪表目前主要缺点是：结构复杂、成本高、维修困难、观察动态过程不直观。但是，随着电子工业的发展，大规模集成电路工艺水平的提高，数字式仪表的上述缺点将越来越小。

从模拟到数字，从单一通道到综合多通道测量的发展，从单个仪表向测量信息系统过渡，将各种电学量和非电学量变换成统一量（时间、频率、直流电压）后进行测量等，是近几年来测量技术发展的主要趋势。

本节我们以数字万用表、数字功率表和数字电能表为例介绍数字测量技术中常用的基本单元电路和一般电量的测量方法，以及数字仪器仪表和智能仪器仪表的基本知识。本章我们将以方框图和波形图的方式讲解数字仪表的工作原理，以期对数字仪表的工作过程有个初步的了解。

在实际工作中，需要测量的量，例如电压、电流等是随时间连续变化的量，叫做"模拟量"，但数字仪表却是以数字的形式来显示所测结果的。为了对模拟量实现数字化的测量，就需要一种能把模拟量变换为数字量的转换器，即模拟/数字转换器（简称 A/D 转换器），以及能对数字量进行计数的装置，即电子计数器。因此数字仪表的简化方框图如图 2-11 所示。

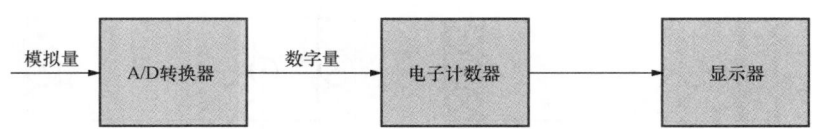

图 2-11　数字仪表的简化方框图

下面我们先讲解 A/D 转换器和电子计数器的工作原理，在此基础上介绍一下直流数字电压表和数字万用表的工作原理。直流数字电压表配以各种变换器（如交流电压/直流电压交换器、交流或直流电流/直流电压变换器等）便可形成系列的数字仪表，如交流数字电压表、交流数字电流表等。由几种变换器、功能转换开关和直流数字电压表组合在一起便可形成数字万用表。

1．电子计数器

电子计数器可具有多种互不相同的工作方式，如对输入事件数进行累计（计数），以及对频率、时间、时间间隔或脉宽进行测量。电子计数器通常包括的部件及其作用是：

1）输入电路。把不同的波形、幅值的被测信号经整形、放大转换成标准信号，该标准信号与被测信号基波频率相同。

2）石英晶体振荡器。它产生频率非常稳定的振荡，其振荡频率高，频率稳定性好。

3）分频器。它能把输入信号分频，以得到具有不同宽度的时间基准或计时标准信号。

4）控制门。又叫闸门，它有一个输出端和至少两个输入端。要计数的脉冲信号加到一个输入端，另外的输入端加上闸门信号（或称门控信号）。当闸门信号为高电平时，闸门打开，要计数的脉冲到达闸门输出端；当闸门信号为低电平时，闸门关闭，要计数的脉冲到不了闸门输出端。

5）计数器。它将来自闸门的脉冲信号以二进制形式计数。计数后的脉冲数可经译码器译成十进制数，再在数码管或液晶显示器上显示出来。

电子计数器最简单的工作方式是对输入电信号进行累计或计数。其方法是：输入信号经输入电路整形放大后，经过手动控制启动和停止的闸门而后进入计数器进行计数，并在显示器上显示出来。

2．模拟/数字（A/D）转换器

将模拟量转换成数字量的过程称为"模数转换"。完成模数转换的电路称为模数转换器，简称 ADC（Analog to Digital Converter）。通常的模数转换器是将一个输入电压信号转换为一个输出的数字信号。由于数字信号本身不具有实际意义，仅仅表示一个相对大小，故任何一个模数转换器都需要一个参考模拟量作为转换的标准，而输出的数字量则表示输入信号相对于参考信号的大小。

A/D 转换一般要经过采样、保持、量化及编码 4 个过程。在实际电路中，有些过程是合并进行的，如采样和保持，量化和编码在转换过程中是同时实现的。当采样频率大于模拟信号中最高频率成分的两倍时，采样值才能不失真地反映原来模拟信号。量化是将模拟信号量程分成许多离散量级，并确定输入信号所属的量级。编码是对每一量级分配唯一的数字码，并确定与输入信号相对应的代码。最普通的码制是二进制，它有 2^n 个量级（n 为位数），可依次逐个编号。

模数转换的方法很多，从转换原理来分可分为直接法和间接法两大类。直接法是直接将电压转换成数字量，有并联比较型和逐次逼近型两种。它用数模网络输出的一套基准电压，从高位起逐位与被测电压反复比较，直到二者达到或接近平衡。控制逻辑能实现对分搜索的控制，其比较方法如同天平称重。这种直接逐位比较型（又称反馈比较型）转换器是一种高速的数模转换电路，转换精度很高，但对干扰的抑制能力较差，常用提高数据放大器性能的方法来弥补。它在计算机接口电路中用得最普遍。

间接 ADC 是先将输入模拟电压转换成时间或频率，然后再把这些中间量转换成数字量，常用的有电压-时间间隔（V/T）型和电压-频率（V/F）型两种，其中电压-时间间隔型中的双斜率法（又称双积分法）用得较为普遍。

模数转换器的选用具体取决于输入电平、输出形式、控制性质以及需要的速度、分辨率和精度。

3. 直流数字电压表

数字电压表可缩写为 DVM。这里只讨论用于测量直流电压的 DVM。加至 DVM 的直流电压，可以是被测电压本身，也可以是被测交流电压经过均值检波器转换的直流电压。与模拟电压相比，数字电压表有很多优点。它的量程范围宽，精度高，并以数字显示结果；测量速度快；它能向外输出小数字信号，可与其他存储、记录、打印设备相连接；输入阻抗高，一般可达 10MΩ 左右。目前数字电压表已经广泛用于电压的测量和仪表的校准。

（1）DVM 的主要技术性能。

1）电压测量范围。

量程。DVM 的量程以其基本量程（即未经衰减和放大的量程）为基础，再和输入通道中的步进衰减器及输入放大器适当配合向两端扩展来实现。量程转换有手动和自动两种，自动转换借助于内部逻辑控制电路来实现。

显示位数。DVM 的位数指完整显示位，即能完整显示从 0～9 十个数码的那些位。因此最大显示为 9999 和 19999 的数字电压表都为四位数字电压表。但是为了区分起见，也常把显示为 19999 的数字电压表称作为 $4\frac{1}{2}$ 位数字电压表。

超量程能力。指 DVM 所能测量的最大电压越过量程值的能力，它是数字电压表的一个重要指标。数字式电压表有无超量程能力，要根据它的量程分挡情况及能够显示的最大数字情况决定。

显示位数全是完整位的 DVM，没有超量程能力。带有 1/2 位的数字电压表，如果按 2、20、200V 分挡，也没有超量程能力。

带有 1/2 位并以 1、10、100V 分挡的 DVM 才具有超量程能力。如 $5\frac{1}{2}$ 位的 DVM，在 10V 量程上，最大显示 19.9999V 电压，允许有 100% 的超量程。

如果数字电压表的最大显示为 5.9999，称为 $4\frac{5}{6}$ 位。如量程按 5、50、500V 分挡，则允许有 20% 的超量程。

2）分辨力。分辨力指 DVM 能够显示输入电压最小变化值的能力，即显示器末位读数跳一个单位所需的最小电压变化值。在不同的量程上，分辨力是不同的。在最小量程上，DVM 具有最高分辨力。

3）测量误差。

工作误差：指额定条件下的误差，以绝对值形式给出。

固有误差：指基准条件下的误差。

影响误差和稳定误差：它已包括在工作误差内，有的也可能以附加误差的形式给出。

4）输入电阻和输入偏置电流。输入电阻一般不小于 $10M\Omega$，高准确度的可高于 $1000M\Omega$，通常在基本量程时具有最大的输入电阻。输入偏置电流是指由于仪器内部产生的表现于输入端的电流，应尽量使该电流减小。

5）抗干扰特性。按干扰作用在仪器输入端的方式分为串模干扰和共模干扰。一般串模干扰抑制比可达 $50\sim90dB$，共模干扰抑制比可达 $80\sim150dB$。

6）测量速率。测量速率是在单位时间内以规定的准确度完成的最大测量次数，每秒几次或几十次不等，一般规律是测量速度越高的仪表测量误差也越大。

（2）DVM 的组成及主要类型。

1）数字电压表（DVM）的组成。数字电压表的组成如图 2-12 所示，主要由模拟电路部分和数字电路部分组成。图中模拟部分包括输入电路（如阻抗变换器、放大器和量程转换器等）和 A/D 转换器。A/D 转换器是数字电压表的核心，完成模拟量到数字量的转换。电压表的技术指标如准确度、分辨率等主要取决于这一部分电路。数字部分完成逻辑控制、译码（将二进制数字转换成十进制）和显示功能。

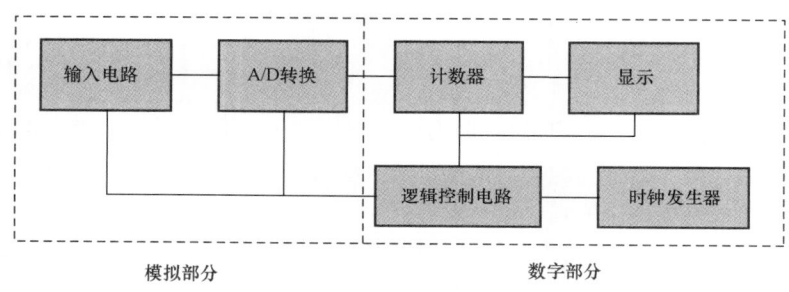

图 2-12　数字电压表的组成方框图

2）数字电压表（DVM）的类型。除了将 DVM 分成直流 DVM 和交流 DVM 外，还可以根据 A/D 转换的基本原理进行分类。

比较型 A/D 转换器是采用将输入模拟电压与离散标准电压相比较的方法，典型的是具有闭环反馈系统的逐次比较式。

积分型 A/D 转换器是一种间接转换形式。它对输入模拟电压进行积分并转换成中间量时间 T 或频率 F，再通过计数器等将中间量转换成数字量。

比较型和积分型 A/D 转换器的基本类型。由比较型 A/D 转换器构成的 DVM 测量速度快，电路比较简单，但抗干扰能力差。积分型 A/D 转换器构成的 DVM 突出优点是抗干扰能力强，主要不足是测量速度慢。

复合型 DVM 是将积分型与比较型结合起来的一种类型。随着电子技术的发展，新的 A/D 变换原理和器件不断涌现，推动 DVM 的性能不断提高。

第 8 节　常用电工仪表的选择

一、仪表性能的比较

仪表的特性是由它的结构所决定的。几种主要形式的电气测量指示仪表的性能见表 2-5。

表 2-5　　　　　　　　　　　　　　几种主要形式的电气测量指示仪表的性能

仪表类型 性能指标		磁电系	电磁系	电动系	感应系
测量基准量 （不加说明时为 电压、电流）		直流或交流的 恒定分量	交流有效值或直流	交流有效值或直流 （并可测交、直流功率、 相位、频率）	交流电能及功率，也 可测交流电压和电流
使用频率范围		振动式检流计使用 工频为 45～55Hz	一般用于 50Hz/60Hz， 频率变化误差增大	一般用于 50Hz/60Hz	同电动系
准确度		高的可达 0.1～0.05 级， 一般为 0.5～1.0 级	一般为 0.5～2.5 级	高的同磁电系	低的一般为 1.0～3.0 级
量程	电流	几微安～几十安	几毫安～100A	几十毫安～几十安	几十毫安～10A
	电压	几毫伏～1kV	10V～1kV	10V～几百伏	几十伏～几百伏
防御外磁场能力		强	弱	弱	强
分度特性		均匀	不均匀	不均匀 （作功率表均匀）	数字指示 （作功率表均匀）
价格 （对同一准确度等级）		贵	便宜	最贵	便宜
主要应用范围		作直流电表	作板式电表及一般 用途的交流电表	作交、直流标准表	作电能表

二、仪表类型的选择

为了完成某项测量任务，必须在明确测量要求的情况下，考虑到具体情况，合理地选择测量方法、测量线路和测量仪表。

合理地选择仪表通常是指在保证测量准确度的前提下，确定仪表的类型、仪表的准确度、量程和内阻等。现分析讨论如下：

1）根据被测量的性质选择仪表的类型。

2）根据被测量是直流还是交流选用直流仪表或交流仪表。

3）测量直流电量时，广泛采用磁电系仪表，因为磁电系仪表准确度和灵敏度都比较高。

4）测量交流电量时，应区分是正弦波还是非正弦波。如果是正弦波电流（或电压），只需测出其有效值，即可换算出其他数值，采用任何一种交流电流表（或电压表）均可进行测量。

5）如果是非正弦波电流（或电压），则应区分有效值、平均值、瞬时值还是最大值。其中有效值可用电磁式或电动式电流表（电压表）测量；平均值用整流式仪表测量；瞬时值用示波器观察或用照相方法，然后从图形分析可求出各点的瞬时值及最大值。

6）测量交流时，还应考虑被测量的频率。一般电磁系、电动系和感应系仪表，应用频率范围较窄，但特殊设计的电动系仪表可用于中频（5000～8000Hz），整流系万用表应用频率一般在 45～1000Hz 范围内，有的可达 5000Hz（如 MF10 型）。

三、仪表准确度的选择

仪表的准确度等级越高，其基本误差就越小，测量误差也就越小。然而仪表的准确度等级越高，价格也越贵，使用条件要求也越严格。因此，仪表准确度的选择要从实际需要出发，兼顾经济性，不可片面追求高精度。

通常准确度等级为0.1、0.2级的仪表作为标准仪表（校用表）或精密测量用；0.5、1.0级为电气实验用表；1.5、2.5级作为一般测量用。对于安装式仪表，其交流仪表应不低于2.5级，直流仪表应不低于1.5级。

与仪表配合使用的附加装置，如分流器、附加电阻器、电流互感器、电压互感器等的准确度应不低于0.5级。但仅作电压或电流测量用的1.5级或2.5级仪表，允许使用1.0级互感器，对非重要回路的2.5级电流表允许使用3.0级电流互感器，但电能计算用的电流互感器应不低于0.5级。

四、仪表量程的选择

合理选择仪表的量程，可以得到准确度相对较高的测量结果。一些仪表的刻度尺上用一黑点来区别刻度尺的工作部分和非有效部分，这个黑点称为有效分度起点，简称有效点。在有效点以上，能满足准确度的等级要求；有效点以下，满足不了该仪表的准确度等级要求。选择仪表的量程时，测量值越接近量程，则相对误差越小。

如选择准确度为0.5级，量程为300V的电压表来测量0～30V的电压，可能出现的最大误差为

$$\Delta U = 300 \times 0.5\% \text{V} = 1.5\text{V}$$

如电压表读数为300V时，最大相对误差为

$$\gamma_{m1} = \Delta U/U_1 \times 100\% = \pm 1.5/300 \times 100\% = \pm 0.5\%$$

如电压表读数为50V时，最大相对误差为

$$\gamma_{m2} = \Delta U/U_2 \times 100\% = \pm 1.5/50 \times 100\% = \pm 3\%$$

由此可知，在选用仪表时，应当根据测量值来选择仪表的量程，尽量使测量的示值范围在仪表量程的2/3以上的一段。如测量380V电压时，应选用450V的电压表；测量220V相电压时则应选用250V电压表。另外，在选择电流表时，不能单纯考虑负荷电流的大小，还应考虑到启动电流，否则会损坏仪表。

 **注意**

在使用灵敏度较高的电工仪表时，要特别注意被测量的大小不要超过仪表最高量程。因为灵敏度较高的仪表，往往它的量程也较小，如果被测量太大，以致超过仪表量程时，可能对仪表造成严重损伤（如零件烧坏或变形）。因此，在测量工作中必须切实注意所用仪表及各项电气设备所能容许通过的电压、电流及功率数值（通常称为额定电压、额定电流、额定功率等），以防止发生事故，避免对设备造成损坏。

五、仪表内阻的选择

选择仪表还应根据被测阻抗的大小来选择仪表的内阻，否则会给测量结果带来较大的测量误差。内阻的大小反映了仪表本身功率消耗的大小，为了使仪表接入测量电路后，不至于改变

原来电路的工作状态，并能减小表耗功率，要求电压表或功率表的并联线圈电阻尽量大些，并且量程越大，电压表的内阻也应越大。对于电流表或功率表的串联线圈的电阻，则应尽量小，并且量程越大，内阻应越小。

六、仪表工作条件的选择

选择仪表时，应充分考虑仪表的使用场所和工作条件。实验室一般选用便携式单量程或多量程的专用仪表。另外，还应根据仪表使用环境的温度、湿度、外界电场、磁场等因素，选择相应使用条件的仪表。其外壳防护性能的选择，一般情况下可采用普通式外壳。通常在仪表刻度盘上或说明书上没有标注使用条件级别的仪表，即为普通式和 A 组。

此外，仪表使用条件根据国家规定分为 A，A1，B，B1 和 C 共 5 组，见表 2 - 6。

表 2 - 6　　　　　　　　　　　　　　仪 表 使 用 条 件

环境条件参数	分组类别	A 组	A1 组	B 组	B1 组	C 组
工作条件	温度（℃）	0～+40		−20～+50		−40～+60
	相对温度	95％（+25℃）	85％	95％（+25℃）	85％	95％（+35℃）
	霉菌、昆虫	有	没有	有	没有	有
	块雾	没有	没有	—	没有	—
	凝露	有	没有	有	没有	有
	尘沙	有	有	有	有	有
最恶劣条件	温度（℃）	−4～+60		−40～+60		−50～±60
	相对温度	95％（+25℃）	85％	95％（+25℃）	85％	95％（+35℃）
	霉菌、昆虫	有	没有	没有	没有	有
	块雾	有（在海运包装条件下）		有（在海运包装条件下）		—
	凝露	有	没有	有	没有	有
	尘沙	有（在包装条件下）		有（在包装条件下）		有

为了某些仪表能在特殊场所工作，国家标准 GB 776—1976 又将仪表按外壳的防护性能分为七种：普通式、防尘式、防溅式、防水式、水密式、气密式和隔爆式。

按耐受机械力作用的性能，分为普通式、能耐受机械力作用的（包括防颠层的、耐颠震的、耐振动的及抗冲击的四种）。如果有某些特殊要求，如耐受盐雾影响等，可在订货时向制造厂方提出。

在选择仪表的过程中，应当从测量的实际出发，分析情况，抓住主要矛盾，才能达到合理使用仪表和准确测量的目的。例如，对于电路工作频率较高，而且负载电阻值很大的情况，应当选用频率范围比较宽、内阻高的整流系仪表（万用表），虽然万用表一般准确度较低，但是在这种情况下，准确度相对来说，退居次要地位。

但是，如果电流、电压波形为非正弦波，当要测量电流、电压的有效值时就不能采用整流系仪表，而只能用电磁系或电动系仪表。

七、仪表绝缘强度的选择

测量时，为保证人身安全、防止测量时损坏仪表，在选用仪表时，还应注意根据被测量及

被测电路电压的高低选择相应绝缘强度的仪表及附加装置。仪表的绝缘强度在仪表盘上用"☆"标注。

　　总之，在选择仪表过程中，必须有全局观念，不可盲目追求仪表的某一项指标，对仪表的类型、准确度、内阻、量程等，既要根据测量的具体要求进行选择，也要统筹考虑。特别是要着重考虑引起测量误差较大的因素，还应考虑仪表的使用环境和工作条件。

　　此外，在选择仪表时，还应从测量实际需要出发，凡是一般仪表能达到测量要求的，就不要用精密仪表来测量。

第 3 章

常 用 电 工 仪 表

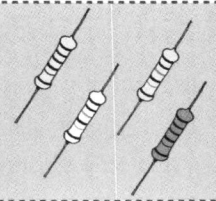

第 1 节 万 用 表

万用表是电工测量中最常用的仪表，又称三用表，国家标准中称复用表。它是一种多量程、多功能、便于携带的电工用表。一般的万用表可以用来测量直流电流、电压，交流电流、电压，电阻和音频电平等量，有的万用表还可以用来测量电容、电感以及晶体二极管、三极管的某些参数等。按测量原理的不同，把万用表分为两大类，即传统的模拟式（习惯上称为指针式）万用表和新颖的数字式万用表。无论是指针式还是数字式万用表都由指示装置、测量线路、转换开关以及外壳等组成。指示装置用来指示被测量的数值；测量线路用来把各种被测量转换为用以驱动指示装置的直流微小电流；转换开关用来实现对不同测量线路的选择，以适合各种测量的要求。

下面以实验室中常用的 MF-47 型指针式万用表、VC9806 型数字式万用表为例，简要说明一下它们的结构、技术特性和使用方法。

一、MF-47 型万用表

1. 结构

MF-47 型万用表的外形如图 3-1 所示。

指针式万用表的测量装置习惯上称作表头，通常选用高灵敏度的磁电系测量机构，其满偏电流约为几微安到几百微安。表头本身的准确度较高，一般都在 0.5 级以上。万用表的面板上有多条带有刻度尺的刻度盘，每一条刻度尺都对应于某一被测量；准确度较高的万用表均采用带反射镜的刻度盘，以减少读数时的视差。万用表的外壳上装有转换开关的旋钮、零位调节旋钮、欧姆挡零位旋钮、供接线用的插孔或接线柱等。

万用表的测量线路由带有多量程直流电流表、多量程直流电压表、多量程整流式交流电流表、交流电压表以及多量程欧姆表等几种测量线路组合而成。有的万用表还有测量小功率晶体管直流放大倍数的测量线路。构成测量线路的主要元件是各种类型、各种规格的电阻元件，如绕线电阻、碳膜电阻、电位器等。此外，在测量交流电流、电压的线路中还有整流元件，如二极管，它的作用是把交流电流、电压转换为表头能测量的微小直流电流。

在万用表中，转换开关用来切换不同测量线路，实现测量种类和量程的选择。普通万用表一般都采用机械接触式转换开关，它由许多固定触点和可动触点组成。通常把可动触点称为"刀"，而把固定触点称为"掷"。由于万用表的测量种类多，而且每一个测量种类中又有多个量程，所以万用表的转换开关是特别的，通常有多刀和几十掷，各刀之间是同步联动的。当旋转转换开关旋钮时，各刀跟着旋转，在某一位置上与相应的掷闭合，使相应的测量线路与表头和输入端

图 3-1 MF-47 型万用表外形图

钮（或插孔）接通。

万用表测量电路的工作原理，读者可参阅有关的资料，在此不做详细说明。下面介绍一下万用表的主要功能和技术指标。

2. MF-47 型万用表的主要功能

万用表的主要功能有：直流电流测量，直流电压测量，交流电流测量，交流电压测量，电阻的测量以及电平的测量。有的万用表还有晶体管直流放大倍数的测量功能，如 MF-47 型万用表。这里我们着重介绍一下电平的测量。

电平表示电信号通过某一传输系统时，其功率发生的相对变化。定义为

$$S = \lg \frac{P_1}{P_2} \qquad (3 - 1)$$

式中　S——电平值；

　　　　P_1——输入到某一系统的功率；

　　　　P_2——该系统输出的功率。

这里为什么要用对数来定义电平呢？其一，根据传输理论，电压、电流沿长线的衰减和线路的长度具有指数关系；其二，人耳对声音强弱感觉度是与声音功率的对数成正比；其三，可以使计算简洁。

电平的单位是"贝尔"。但由于这一单位很大，所以实际测量中常用的单位是贝尔的 1/10。即"分贝"，用符号"dB"表示。当用"分贝"作为电平的单位时，上式变为

$$S = 10\lg \frac{P_1}{P_2} \qquad (3 - 2)$$

在实际的工程测量中，电压的测量比较方便，因此常用电压来代替功率表示电平。

（1）零分贝标准。电平为两个功率或电压之比的对数值，其大小是相对的。为了确定电路某一点的电平，必须规定一个"零分贝"（也称零电平）作为计算电平的标准。通常规定对于 600Ω 的负载电阻上消耗 1mW 的功率作为零分贝标准。这样，电路中某处的电平，可以表示为相对于零分贝的绝对电平。

$$S = 10\lg \frac{P}{P_0} = 10\lg \frac{P}{1 \times 10^{-3}\,\mathrm{W}} \quad (\mathrm{dB}) \qquad (3 - 3)$$

对应于零电平的电压值为

$$U_0 = \sqrt{P_0 Z} = \sqrt{1 \times 10^{-3}\,\mathrm{W} \times 600\Omega} \qquad (3 - 4)$$

即"0dB"与"10$\underline{\mathrm{V}}$"刻度尺上的"0.775V"刻度线相对应。这样，电路中某处的电平也可以表示为

$$S = 20\lg \frac{U}{0.775\,\mathrm{V}} \quad (\mathrm{dB}) \qquad (3 - 5)$$

（2）分贝刻度尺的应用。万用表的刻度盘上一般都设有分贝刻度尺，它对于测量一个系统电平的衰减或增益非常方便，可以避免求对数的复杂计算。另外，当测得的电路某处（负载为 600Ω 时）的电平值后，可以由式（3-4）和式（3-5）求得该处的电压和功率。

在电平测量中还需注意以下几点：

1）有的万用表的零分贝标准不是选择 600Ω 负载电阻来规定的，而是规定在 500Ω 负载电阻上消耗 6mW 功率为零分贝标准，此时分贝刻度尺上的"0dB"刻度线对应于"10$\underline{\mathrm{V}}$"刻度尺上的 1.732V 刻度线，计算时式（3-5）中的 0.775V 改为 1.732V。

2）当被测电路负载电阻不是规定的 600Ω（或 500Ω）时，不能把读出的分贝数认为是测

得的电平值。此时应按下式计算

$$S = 20\lg\frac{U}{0.775V} + 10\lg\frac{600\Omega}{R} \qquad (3-6)$$

式中　　R ——负载电阻的电阻值。

3）当被测电平的数值超出分贝刻度尺的基本范围时，应适当选择交流电压挡的量程位置，并根据说明书上给出的附加分贝值，加上分贝刻度尺上的读数即是测量结果。

3．MF-47 型万用表的主要技术特性

1）灵敏度高。这是由于采用了灵敏度较高的磁电系表头，所以万用表的灵敏度较高。

2）防御外磁场的能力强。

3）工作频率范围较宽。一般可达到 50～100Hz，有的万用表可达 50～5000Hz 甚至更高。

4）存在波形误差。由于万用表采用整流电路，其交流挡测量出的本来是交流平均值（对正弦或非正弦交流电量都是平均值），但它的刻度尺是按正弦交流电量的有效值刻度的，因此，当用于非正弦交流电量的测量时，其波形失真较大。

以上所述只是万用表的主要的技术特性，每一种万用表的技术性能在它的说明书中均有详细的说明，供操作者阅读。

4．指针式万用表的使用和维护方法

一般地说，在使用万用表时要注意以下几点：

（1）插孔（或接线柱）的选择。在测量之前，首先应检查表笔接在什么位置上。红色表笔的连线应接到标有"＋"符号的插孔内，黑色表笔应接到标有"－"号的插孔内。有些万用表设有专用插孔（如 MF-47 型万用表有"5A"和"2500V"两个专用插孔），在测量这些特殊量时，应把红色表笔改接到相应的专用插孔内，而黑色表笔的位置不变。

（2）测量挡位的选择。使用万用表时，应根据测量的对象，将转换开关旋至相应的位置上。在进行挡位的选择时，应特别小心，稍不慎就有可能损坏仪表。特别在测量电压时，如果误选了电流挡或电阻挡，将会使表头遭受严重损伤，甚至可能烧坏表头。

（3）量程选择。用万用表测量交直流电流或电压时，其量程选择的要求使指针工作在满刻度的 2/3 以上区域，以保证测量结果的准确度。用万用表测电阻时，则应尽量使指针在中心刻度值的 1/10～10 倍之间。如果测量前无法估计出被测量的大致范围，则应先把转换开关旋至最大量程的位置进行粗测，然后再选择适当的量程进行精确地测量。

（4）正确读数。万用表的表盘上有很多条刻度尺，每一条刻度尺都标有被测量的标志符号，测量读数，应根据被测量及量程在相应的刻度尺上读出指针指示的数值。另外，读数时应尽量使视线与表面垂直；对装有反射镜的万用表，应使镜中指针的像与指针重合后，再进行读数。

（5）欧姆挡的使用。使用欧姆挡时，要注意以下几个问题：

1）每一次测量电阻都必须调零。特别是改变了欧姆挡的倍率时，必须进行调零。这是保证测量准确度必不可少的步骤。当调零无法使指针达到欧姆零位时，则说明电池的电压太低，应更换新电池。

2）测量电阻时，被测电路不允许带电。否则不仅测量结果不准确，而且很有可能烧坏表头。

3）被测电阻不能有并联支路，否则其测量结果是被测电阻与并联支路并联后的等效电阻，而不是被测电阻的阻值。由于这一原因，在测量电阻时，决不能用手去接触表笔的金属部分，

避免因人体电阻并联于被测电阻两端而造成不必要的误差。

4) 用欧姆挡测量晶体管参数时，考虑到晶体管所能承受的电压比较小和容许通过的电流较小，一般应选择 $R \times 10$ 或 $R \times 1K$ 的倍率挡。这是因为低倍率挡的内阻较小，电流较大；而高倍率的电池电压较高。所以一般不适宜用低倍率挡或高倍率挡去测量晶体管的参数。另外，要引起注意的是红色表笔与表内电池的负极相连，而黑色表笔与电池的正极相连。这一点与数字万用表是不同的。

5) 万用表欧姆挡不能直接测量微安表表头、检流计、标准电池等仪器仪表。在使用的间歇中，不能让两表笔短接，以免浪费电池。

在万用表的使用过程中，必须十分注意人身和仪表的安全。一般应注意以下几点：

1) 决不允许用手接触表笔的金属部分，否则会发生触电或影响测量准确度。

2) 不允许带电转动转换开关，尤其是当测量高电压和大电流时，易在转换开关的刀和触点分离或接触的瞬间产生电弧，使刀和触点氧化甚至烧坏。

3) 测量叠加有交流电压的直流电压时，要充分考虑转换开关的最高耐压值，否则会因为电压幅度过大而使转换开关中的绝缘材料被击穿。

4) 万用表在用完之后，转换开关应放在交流电压的最大挡位或"OFF"挡。

二、VC9806 型数字万用表

数字万用表是目前国内外最常用的一种数字仪表，又称数字多用表（DMM）。其主要优点是准确度高，分辨力强，测试功能完善，测量速率快，显示直观，过载能力强，耗电少，便于携带，已成为现代电子测量与维修工作的必备仪表，并正在逐步取代传统的模拟式（即指针式）万用表。

1. VC9806 型数字万用表概述

VC9806 型仪表是一种性能稳定、高可靠性和具备防跌落性能的手持式 $4\frac{1}{2}$ 位数字万用表。

图 3-2 VC9806 型
数字万用表外形图

仪表采用 26mm 字高的大液晶显示器，读数清晰。其外形如图 3-2 所示。

此表可以直接用来测量直流和交流电压、直流和交流电流、电容、电感、电阻、二极管、三极管，还可以测量音频频率，可测量温度。整机电路设计以大规模集成电路双积分 A/D 转换器为核心，并配以全功能过载保护电路，使之成为一台性能优越的工具仪表。

整机电路包括下述 11 部分：①A/D 转换电路；②小数点及低电压指示符的驱动电路；③直流电压测量电路；④交流电压测量电路；⑤直流电流测量电路；⑥交流电流测量电路；⑦200Ω～20MΩ 挡测量电路；⑧200MΩ 挡测量电路；⑨电容测量电路；⑩晶体管 h_{FE} 测量电路；⑪二极管及蜂鸣器电路。

数字万用表的电路原理比较复杂，感兴趣的读者可以参阅有关的书籍资料，在此不再赘述。下面结合 VC9806 型数字万用表说明一下其使用方法和保养方法。

2. VC9806 型数字万用表使用方法

（1）安全及操作注意事项：

1）测量电压时，请勿输入超过直流 1000V 或交流 700V 有效值的极限电压。

2）36V 以下的电压为安全电压，在测高于 36V 直流、25V 交流电压时，要检查表笔是否可靠接触，是否正确连接，是否绝缘良好等，以免电击。

3）测试之前，功能开关应置于所需要的量程；转换功能和量程时，表笔应离开测试点。

4）选择正确的功能和量程，谨防误操作。

5）测量电流时，请勿输入超过 20A 的电流。

6）打开 POWER 电源开关，检查 9V 电池电压是否充足。若不足，将在显示屏上出现一个有正负号的电池标志，这时需更换电池。"HOLD"为保持按钮，按下此按钮，仪表当前所测数值保持在显示屏上并出现"H"符号；再次按下，"H"符号消失，退出保持功能状态。

7）测试表笔插孔旁边的警示标志符号"⚠"，表示输入电压或电流不应超过指示值，操作者必须阅读使用说明，以免损伤表内电路。"□"表示双绝缘，"⏚"表示接地。

8）当仪表测试表笔插在电流插孔而旋转开关并不在电流量程上时，蜂鸣器发出间歇声响，提示操作错误。

（2）直流电压测量：

1）将黑表笔插入"COM"插孔，红表笔插入"V/Ω"插孔。

2）将功能开关置于"DCV"量程范围，并将测试表笔并联到待测电源或负载上，红表笔所接端的极性将同时显示于显示屏上。

注意

1）所有量程的输入阻抗为 10MΩ；过载保护范围是：200mV 量程为 250V 或交流峰值，其余量程为 1000V 直流或交流峰值。如果不知被测电压范围，应将功能开关置于最大量程并逐渐下降。

2）如果显示屏只显示"1"，表示过量程，功能开关应置于更高量程。

3）警示标志符号"⚠"表示输入电压不要超过 1000V，显示更高的电压值是可能的，但有损坏内部线路的危险。

4）当测量高电压时要格外注意避免触电。

（3）交流电压测量：

1）将黑表笔插入"COM"孔，将红表笔插入"V/Ω"孔。

2）将功能开关置于"ACV"范围，并将测试笔并联到测试电源或负载上。

3）过载保护：200mV 量程为直流或交流峰值 250V，其余为 1000V 直流或交流峰值。

4）频率响应：200V 以下量程为 40～400Hz，700V 量程为 40～200Hz。

5）显示：正弦波有效值（平均值响应）。

（4）直流电流测量：

1）将黑表笔插入"COM"孔，当测量最大值为 200mA 的电流时，红表笔插入"mA"孔；当测量最大值为 20A（有的同型号的数字式万用表为 10A）的电流时，红表笔插入"20A"（或"10A"）插孔。

2）将功能开关置于"DCA"量程，并将测试表笔串联接入到待测负载，电流值显示的同时，将显示红表笔的极性。

注意

1）如果使用前不知道被测电流的范围，将功能开关置于最大量程并逐渐下降。

2）如果显示屏只显示"1"，表示过量程，功能开关应置于更高量程。

3）警示符号"⚠"表示输入最大电流为200mA或20A取决于所使用的插孔，过量的电流将烧坏熔丝，应再更换；20A量程无熔丝保护，且最长测试时间不超过10s。

4）最大测试压降为200mV。

（5）交流电流测量：

1）将黑表笔插入"COM"孔，当测量最大值为200mA的电流时，红表笔插入"mA"孔；当测量最大值为20A的电流时，红表笔插入"20A"插孔。

2）功能开关置于ACA量程，并将测试表笔串联到待测负载上。

注意

参看DCA测量的注意①、②、③、④。

频率响应：40～400Hz；显示：正弦波有效值（平均值响应）。

（6）电阻测量：

1）将黑表笔插入"COM"孔，红表笔插入"V/Ω"孔（注意：红表笔接表内电源"＋"极）。

2）将功能开关置于"Ω"挡，并将表笔连接到待测电阻上。

注意

1）如果被测电阻超出所选择量程的最大值，将显示过量程"1"，应选择更高的量程；对于大于1MΩ或更高的电阻，要几秒钟后读数才能稳定。对于高阻值读数这是正常的。

2）当无输入时，如开路情况，显示为"1"。

3）当检查内部线路阻抗时，要保证被测线路所有电源移开、所有电容放电。

4）200MΩ量程，表笔短路时约有1.0MΩ的读数，测量时应从读数中将此残存数值减去，例如测试100MΩ电阻时，显示为101.0，表笔短路时读数为1.0，则此电阻的值应为101.0－1.0＝100.0MΩ。

5）绝对不允许带电测量电阻。

（7）电容测试（自动调零）：连接待测电容之前，注意每次转换量程时复零需要时间，有漂移读数存在不会影响测试精度。测试频率为 400Hz，过载保护值为 36V 直流或交流峰值。

注意

1）在测试电容前应对电容进行充分放电，防止损坏仪表。

2）测量电容时，将电容插入电容测试座中（不要通过表笔插孔测量）。

3）测量大电容时，稳定读数需要一定时间。

4）单位：$1pF = 10^{-6}\mu F$，$1nF = 10^{-3}\mu F$。

（8）二极管测试及带蜂鸣器的连续性测试：

1）将黑表笔插入"COM"孔，红表笔插入"V/Ω"插孔（注意：红表笔接表内电源的"＋"极）。

2）将功能开关置于二极管和蜂鸣器挡，并将红表笔连接到待测二极管的正极，黑表笔连接到二极管的负极，读数为二极管正向压降的近似值。

3）将表笔连接到待测线路的两点，如果两点之间电阻值低于 70Ω，内置蜂鸣器发声。

注意

在此量程禁止输入电压。

（9）晶体管 h_{FE} 测试：

1）将功能开关置于 h_{FE} 量程。

2）确定晶体管是 NPN 或 PNP 型，将基极、发射极和集电极分别插入面板上相应的插孔。

3）显示屏上将读出 h_{FE} 的近似值，测试条件：I_b 约 $10\mu A$，U_{ce} 约 3V。显示数值：1~1000。

（10）频率测量：

1）将表笔或屏蔽电缆接入"COM"和"V/Ω/Hz"插孔。

2）将量程开关转到频率挡上，将表笔或电缆跨接在信号源或被测负载上。

注意

1）输入超过 10V 峰值时，可以读数，但可能误差较大。

2）在噪声环境下，测量小信号时最好使用屏蔽电缆。

3）测量高电压电路时，千万不要触及高能电路。

4）禁止输入超过 250V 直流或交流峰值的电压值，以免损坏仪表。

（11）NCV 检测：有的型号的万用表带有 NCV（Non-Contact Voltage，非接触电压检测）

检测功能，无须使用表笔即可检测电压。使用时按下仪表盘上的 NCV 键，仪表显示屏停止显示，并发出声光提示，表明进入 NCV 检测状态；按住 NCV 检测键，用仪表顶部靠近检测对象，如果存在 30～1000V 交流电压，仪表会发出连续声响，同时点亮红色警示灯。

（12）保养方法：

1）不要随意更换线路。

2）不要接入高于 1000V 直流电压或高于 700V 交流电压。

3）不要在功能开关处于"Ω"或二极管位置时，将电压源接入。

4）只有在测试表笔从万用表移开并切断电源以后，才能更换电池或熔丝。更换熔丝时应使用同一规格型号的。

5）表停止或停留在一个挡位，时间超过约 30min，电源将自动切断，仪表进入睡眠状态。当仪表电源自动切断后，若要重新开启电源，应重复按动电源开关两次。

第 2 节　绝缘电阻表和钳形电流表

一、绝缘电阻表

在电机、电器和供电线路中，绝缘材料的好坏对电气设备的正常运行和安全用电有着重大的影响，而说明材料绝缘性能的重要标志是它的绝缘电阻值的大小。由于绝缘材料常常因为发热、受潮、污染、老化等原因而使其绝缘电阻值降低以致损坏，造成漏电或发生短路事故。因此，必须定期地对电气设备或配电线路彼此绝缘的导电部分之间、导电部分与外壳之间的绝缘电阻进行检查。绝缘电阻值越大，其绝缘性能越好。一般绝缘电阻的阻值都很大，常用兆欧作单位。专门用来测量绝缘电阻的电表叫绝缘电阻表（也叫兆欧表）。它的标尺的单位是"兆欧"，用"MΩ"表示。绝缘电阻表按工作原理及显示方式分为指针式和数字式两种。

1. 指针式绝缘电阻表的结构

指针式绝缘电阻表采用比率表结构。比率表不同于一般指示仪表，其主要特点在于它不是用游丝来产生反抗力矩，而是与转动力矩一样，由电磁力来产生。

指针式绝缘电阻表大多采用磁电系结构，磁电系绝缘电阻表又叫摇表。由电磁系比率表、手摇发电机、晶体管直流变换器和测量线路等组成，其外形如图 3-3 所示。

高压直流电源在测量时向仪表与被测绝缘电阻提供测量用的直流高电压，一般有 500、1000、2500、5000V 等。使用时要求与被测电气设备的工作电压相适应。表 3-1 说明了在不同情况下一些绝缘电阻表的选用要求。

绝缘电阻表对外有三个接线柱：接地（E）、线路（L）、保护环（G）。对于一般性测量，只需把被测绝缘

图 3-3　指针式绝缘电阻表外形图

电阻接在"L"与"E"之间即可。在测量电缆的绝缘电阻时，"L"接芯线，"E"接电缆外皮，"G"接电缆绝缘包扎物。

2. 数字式绝缘电阻表

数字式绝缘电阻表的功能与指针式绝缘电阻表一样，但它的使用更为方便。它的测量用直

38

流高压由机内电池电压经 DC/DC 变换后直接产生，由 "E" 极输出后，经被测试品到达 "L" 极，从而产生一个从 "E" 到 "L" 极的电流，此电流经过 I/V 变换，经除法器完成运算直接将被测的绝缘电阻值由 LCD 显示出来。数字绝缘电阻表的外形如图 3-4 所示。

表 3-1   不同情况下绝缘电阻表选用要求

测量对象	被测绝缘的额定电压（V）	所选用绝缘电阻表的额定电压（V）
线圈绝缘电阻	500 以下	500
	500 以上	1000
电机、变压器线圈绝缘电阻	500 以上	1000～2500
发电机线圈绝缘电阻	380 以下	100
电气设备绝缘	500 以下	500～1000
	500 以上	2500
绝缘子	—	2500～5000

3. 绝缘电阻表的主要用途

1）照明及动力线对地绝缘电阻的测量。将绝缘电阻表接线柱 "E" 可靠接地，接线柱 "L" 与被测线路连接。按顺时针方向由慢到快摇动绝缘电阻表的发电机手柄，待绝缘电阻表指针读数稳定后，这时绝缘电阻表指示的数值就是被测线路的对地绝缘电阻值。

2）电动机绝缘电阻的测量。拆开电动机绕组的星形或三角形联结的连线，用绝缘电阻表的两个接线柱 "E" 和 "L" 分别接在电动机两相绕组。摇动绝缘电阻表发

图 3-4 数字式绝缘电阻表外形图

电机手柄，应以 120r/min 的转速均匀摇动手柄，待指针稳定后读数，此时读出的数值即是电动机绕组相间绝缘电阻。测量电动机绕组对地的绝缘电阻时，接线柱 E 接电动机机壳上的接地螺丝或机壳上（勿接在有绝缘漆的部位），接线柱 L 接在电动机绕组上，摇动绝缘电阻表发电机手柄，待指针稳定后读数。

3）电缆绝缘电阻的测量。将绝缘电阻表接线柱 "E" 接电缆外皮，接线柱 "G" 接电缆线芯与外皮之间的绝缘层上，接线柱 L 接电缆线芯。这样做的原因是，当空气湿度大或电缆绝缘表面又不干净时，其表面的漏电流将很大，为防止被测物因漏电而对其内部绝缘测量所造成的影响，一般在电缆外表加一个金属屏蔽环，与绝缘电阻表的 "G" 端相连。此时测出的是电缆线芯与外皮之间的绝缘电阻值。

4. 绝缘电阻表使用时的注意事项

测量设备的绝缘电阻时，必须先切断设备的电源。对含有较大电容的设备，必须先进行放电。被测物表面要清洁，减少接触电阻，确保测量结果的正确性。

绝缘电阻表使用时应于平衡、牢固的地方水平放置，且远离大的外电流导体和外磁场。指针式绝缘电阻表在未接线之前，应先摇动发电机摇把，观察指针是否在 "∞" 处；再将 L 和 E

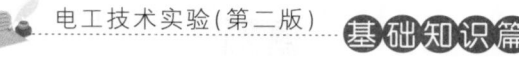

两接线柱短路，慢慢摇动绝缘电阻表，指针应在"0"处。数字式绝缘电阻表在正式测量前也应经过开路实验、短路实验，证实绝缘电阻表完好方可进行测量。

绝缘电阻表的引线应用多股软线，两根引线切忌绞在一起，以免造成测量误差。

在测量电容或电缆的绝缘电阻时，读数后应先把表线取下后再停止摇动手柄，以免损坏仪表。

二、钳形电流表

钳形电流表是一种在不断开电路的情况下，就能测量交流电流的专用仪表，按其显示方式分指针式和数字式两类，其结构如图 3-5 所示。

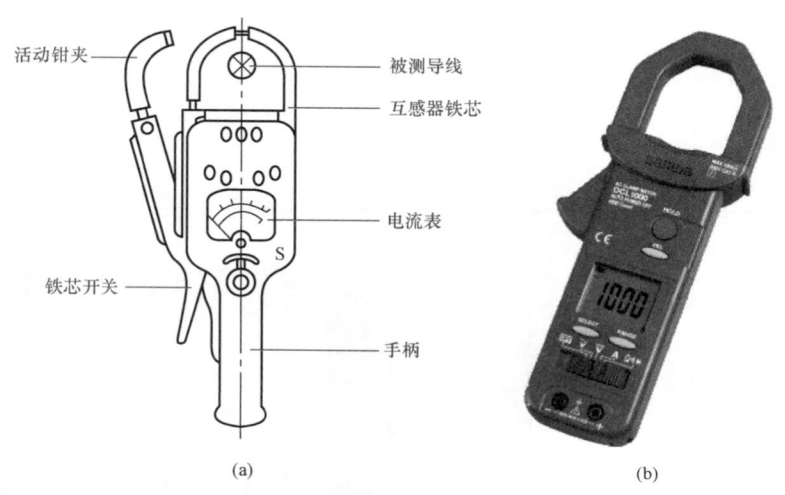

图 3-5　钳形电流表外形图

（a）指针式钳形电流表；（b）数字式钳形电流表

1. 使用方法

1）机械调零。对于指针式钳流表，使用前，应检查钳形电流表的指针是否指向零位，如发现没指向零位，可用小螺丝刀轻轻旋动机械调零钮，使指针回到零位上。数字式钳流表应检查电池电压是否正常，如果电池电压低，应更换电池。

2）清洁钳口。测量前，要检查钳口的开合情况以及钳口上有无污物，如钳口面有污物，可用溶剂洗净并擦干；如有锈迹，应轻轻擦去。

3）选择量程。测量时，应将量程选择旋钮置于合适位置，使测量时指针偏转后能停在精确刻度上，以减少测量的误差。

4）测量数值。紧握钳形电流表把手和扳手，拨动扳手，打开钳口，将被测线路的一根载流电线置于钳口内中心位置，再松开扳手使两钳口表面紧紧贴合，将表放平，然后读数，即测得电流值。

5）高量程挡存放。测量完毕，退出被测电线，将量程选择旋钮置于高量程挡位置，以免下次使用时损伤仪表。

2. 使用注意事项

1）一般情况下，钳流表也能进行简单的电压和电阻测量，所以使用时应正确选择被测量并正确地插好表笔。测量被测电流及电压不得超过钳形电流表所规定的使用数值。

2）若不清楚被测电流的大小，应将量程开关由大到小逐渐选择，直到合适，不能用小量程测大电流。

3）测量过程中，不得转动量程开关。

4）为了提高测量值的准确度，被测导线应置于钳口中央。

第3节 电动系功率表

用于测量功率的电动系仪表，称为电动系功率表。

在直流电路中，功率的表示式为：$P = UI$；

在交流电路中，功率的表示式为：$P = UI\cos\varphi$。

很显然，要用一个表测量功率，就须反映电压和电流的乘积，而电动系测量机构就可以满足这个要求。由于电动系测量机构基本性能比较好，所以现代的功率表大多数采用电动系测量机构，这种仪表通常称为电动系功率表。

一、电动系功率表的工作原理

电动系测量机构用作功率表时，定圈和动圈分别接在与负载串联和并联支路里面。其电路原理图如图 3-6 所示。电动系测量机构的定圈串联接入电路，通过固定线圈的电流就是负载电流 I。因此我们常称定圈为功率表的电流线圈；电动系测量机构的动圈与附加电阻 R 串联后并联至负载，这时连接到动圈支路的两端电压就是负载电压 U，因此动圈常称为电压线圈，它所在的支路称为功率表的电压支路。下面介绍电动系测量机构在作上述连接后，测量负载功率的工作原理。

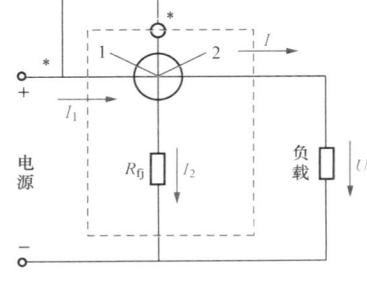

图 3-6　电动系功率表的工作原理

1. 当工作在直流电路时

这时通过电动系测量机构定圈的电流 I_1 就等于负载电流 I，即

$$I_1 = I$$

而动圈中的电流 I_2 可由欧姆定律得知，它与电压支路两端的电压成正比。在图 3-6 所示的连接情况下，由于电流线圈两端的电压降通常都远小于负载电压 U，所以电压支路两端的电压可以近似地看作和负载电压 U 相等。这样

$$I_2 = \frac{U}{R_2}$$

式中，R_2 为电压支路总电阻，是电压线圈电阻和附加电阻 R_6 的总和。

电动系仪表连接在直流电路时，即 I_1、I_2 为直流时，其转动力矩 M 为

$$M = I_1 I_2 \frac{\mathrm{d}M_{12}}{\mathrm{d}\alpha} = K_a I_1 I_2 \tag{3-7}$$

将 I_1、I_2 代入式（3-7）得

$$M = \frac{K_a}{R_2} UI$$

其转角 α 为

$$\alpha = \frac{K_a}{D R_2} UI = \frac{K_1}{R_2} UI$$

其中，D 为反抗力矩系数。在合理设计下，若使 K_1 为一与 α 无关的系数，则

$$\alpha = K_P UI = K_P P \tag{3-8}$$

式（3-8）中，$K_P = \dfrac{K_1}{R_2}$也是一个与 α 无关的系数。这样，电动系功率表在直流电路中工作时的偏转角 α 就与被测负载功率成正比。

2. 当工作在交流电路时

这时通过电动系测量机构定圈的电流 I_1 等于负载电流 I，即

$$I_1 = I$$

而通过动圈的电流 I_2 与负载电压 U 成正比

$$I_2 = \frac{U}{Z_2}$$

式中，Z_2 为电压支路的总阻抗。如忽略动圈的感抗（与附加电阻比较，实际很小），则电压线圈中的电流 I_2 与端电压 U 同相。

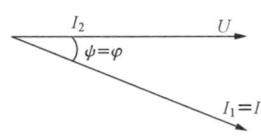

图 3-7　负载为感性时功率表的相量图

负载为感性时功率表的相量图如图 3-7 所示，从图中可以看出，这时功率表两个线圈的电流 I_1 和 I_2 之间的相位差角 ψ 就等于负载两端电压 U 与电流 I 之间的差角 φ，即

$$\psi = \varphi$$

当电动系仪表连接在交流电路时，作用在活动部分的力矩随电流的改变而发生变化。其平均力矩 M_{CP} 为

$$M_{CP} = \frac{K_a}{Z_2} UI \cos\psi$$

在设计合理的情况下，可使得

$$\alpha = K_P UI \cos\varphi = K_P P \tag{3-9}$$

式中，K_P 是一个与 α 无关的系数，P 为电路的有功功率。

从式（3-9）可以看出，在交流电路中，电动系功率表的偏转角 α 与交流电路的有功功率 P 成正比。这个结论虽然是在正弦交流的情况下得出来的，但对于非正弦交流电路，同样也是适用的。

综上所述，电动系功率表不仅可以用来测量直流电路的功率，也可以用来测量交流电路的功率，其刻度尺的分度是均匀的。

二、功率表的选择和正确使用

1. 功率表量程的正确选择

选择功率表测量功率的量程，实际上就是正确选择功率表中的电流量程和电压量程，务必使电流量程能容许通过负载电流，电压量程能承受负载电压，这样测量功率的量程就自然足够了。相反，如果选择时只注意测量功率的量程是否足够，而忽视电压、电流量程是否和负载电压、电流相适应，那是错误的。

例如：有一感性负载，其功率约为 750W，电压为 220V，功率因数为 0.8，需要用功率表去测量它的功率，应怎样选择功率表的量程呢？

因负载电压为 220V，故选择功率表的电压额定值为 250V 或 330V 的量程。

而负载电流 I 可以算出

$$I = \frac{P}{U\cos\varphi} = \frac{750}{220 \times 0.8} = 4.26(A)$$

故功率表的电流量程可选为 5A。

也就是说，如果我们选择额定电压为 300V、额定电流为 5A 的功率表时，它的功率量程为

1500W，可以满足我们的测量要求。如果选用额定电压为 150V、额定电流为 10A 的功率表，功率量程虽然同样是 1500W，负载功率的大小并未超过它的值，但是由于负载电压 220V 已超过功率表所能承受的电压 150V，故不能选用。

2．功率表的正确接线

功率表的接线必须遵循"发电机端的接线规则"。

从功率表的工作原理可知，功率表有两个独立支路。为了使接线不致发生错误，通常在电流支路的一端（简称电流端）和电压支路的一端（简称电压端）标有"＊"、"±"或"↑"等特殊标记（一般称它们为发电机端）。

图 3 - 8 表示了功率表的两种正确接线方式，它的正确接线规则如下：

1）功率表的电流端钮必须与负载串联，而电压端钮必须与负载并联。

2）标有发电机端符号的端钮必须接到电源的同一极性上，并保证电流都从该端钮流入。

在同时满足上述两个条件以后，功率表的正确接线方式有两种。图 3 - 8（a）为电压线圈前接电路，图 3 - 8（b）为电压线圈后接电路。

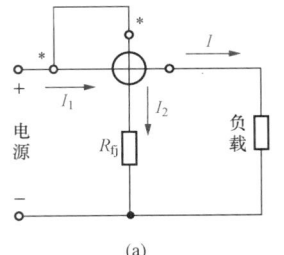 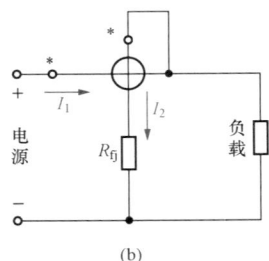

(a)　　　　　　　　　(b)

图 3 - 8　功率表接线图

（a）电压线圈前接电路；（b）电压线圈后接电路

由图 3 - 8（a）可以看出，在电压线圈前接电路中，由于电流线圈直接与负载串联，则定圈电流 I_1 就等于负载电流 I，而电压线圈测得的电压等于负载电压与电流线圈的电压降之和，故在功率表的读数中多了电流线圈的功率消耗 I^2R_1（I 为负载电流，R_1 为电流线圈的电阻）。这种电路适用于 $R_1 \ll R$（R 为负载电阻）的场合，如电动机空载试验，这样功率表的功率消耗对测量结果的影响较小。

由图 3 - 8（b）可以看出，在电压线圈后接电路中，电压线圈测量的是负载电压，而电流线圈的电流等于负载电流与电压线圈的电流之和，故功率表的读数中多了电压支路的功率消耗 U^2/R_2（U 是负载电压，R_2 是功率表电压支路的总电阻）。这种电路适用于 $R_2 \gg R$ 的场合，如电动机负载试验，这时仪表对测量结果的影响较小。

必须指出，如果不遵循发电机端的接线规则，不仅不能正确读数，严重时将导致仪表的损坏。

有时虽然按发电机端规则接线，但功率表的指针仍然反转。这种现象说明负载端实际上含有电源，反过来向外输出功率。此时，应将电流端钮换接，才能取得读数。为使用方便，在有些功率表中装上了一个"换向开关"，当出现指针反转时，只要转动换向开关，就可以很方便地使指针正向偏转。

3．功率表的正确读数

由于功率表一般都是多量程的，而且共用一条或几条刻度尺，所以功率表的刻度尺都只标分格数，而不标明瓦特数。功率表的刻度尺上，每一格所代表的瓦特数称为分格常数。一般情况下，功率表的技术说明书上都给出了功率表在不同电流、电压量程下的分格常数，以供查用。测量时，读取指针偏转格数后再乘以相应的分格常数，就得出被测功率的数值，即

$$P = Cn\,(\text{W})$$

式中　P——被测功率的瓦数；

C——测量时所使用量程下的分格常数；

n——指针偏转的格数。

如果功率表没有给出分格常数，则可按下式计算

$$C = \frac{U_\mathrm{m} I_\mathrm{m}}{N} \quad (\mathrm{W/div})$$

式中　U_m——所使用的电压额定值；

I_m——所使用的电流额定值；

N——刻度尺满刻度的格数。

三、D26-W 型单相功率表

D26-W 型单相功率表为空气电动系结构，测量由建立磁场的固定线圈及在此磁场中偏转的活动线圈组成。指针尖端为刀形，固定在转轴上可以直接读出被测的量；转动部分采用轴尖轴承支承，刻度盘下装有反光镜以消除视差。整个测量机构置于带双层屏蔽的密封小室内，防止外磁场影响，避免机械损坏及脏物侵害。

D26-W 型单相功率表的外形及接线图如图 3-9 所示，使用时应注意：

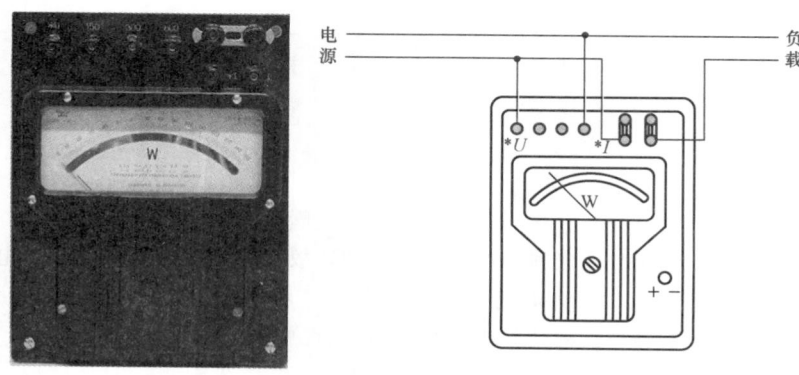

图 3-9　D26-W 型单相功率表外形及接线图

1) 仪表使用时应水平放置，尽可能远离强电流导线和强磁场性物质，以免增加仪表误差。

2) 仪表指针如不在零位上，可利用盖上的调零螺丝将指针调到零位上。

3) 根据被测量的范围选择合适的电压与电流量程，避免超载损坏仪表。

4) 当仪表使用于直流电路内时，应将接线端钮互换，取二次读数之平均值作为正确指示值，以消除剩磁误差。

5) 如遇仪表指针反方向偏转时，改变换向开关的极性，可使指针正方向偏转，切忌互换电压接线，以免使仪表产生附加误差。

四、D33-W 型三相功率表

D33-W 型三相功率表是电动系双元件携带式指示仪表，供频率为 $50\sim60\,\mathrm{Hz}$ 的交流三相平衡负载电路测量有功功率用。

仪表的可动部分用轴尖和弹簧宝石轴承支撑，不但减小了偏转时的摩擦，而且使仪表具有良好的抗震性能。仪表使用刀形指针，并在刻度板下装有消除视差的反光镜，可减小仪表的读数误差。

图 3-10 是 D-33W 型三相功率表的外部接线图，图 3-11 是其内部接线图。仪表在使用时应水平放置，并尽可能远离强电流导线或强磁场，以免产生附加误差。

仪表使用前应先利用表盖上的零位调节器把指针调到零位。按图 3 - 10 进行接线。其数值的读取同上所述。

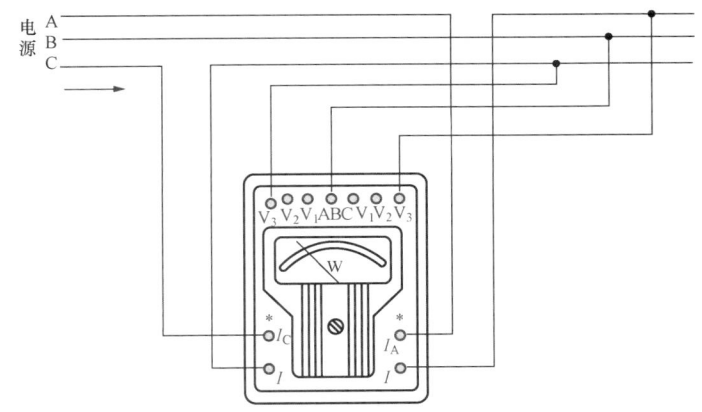

图 3 - 10　D-33W 型三相功率表外部接线图

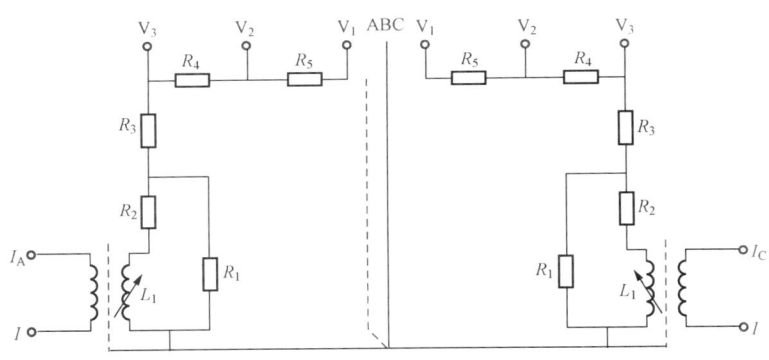

图 3 - 11　D-33W 型三相功率表内部接线图

第 4 节　电　能　表

电能表是用来测量电能的仪表，又称电度表、火表或千瓦小时表。

一、单相电能表

1. 结　构

单相电能表一般是由驱动部件、转动部分、制动部分以及积算机构等组成。结构如图 3 - 12 所示。

1）驱动部件：驱动部件是用来产生转动力矩的，它由电流元件和电压元件构成。电流元件包括硅钢片制成的铁芯和铁芯上的线圈，电流线圈导线粗、匝数少，直接与负载串联，所以又称为串联电磁铁。电压元件和电流元件一样，也包括硅钢片制成的铁芯和铁芯上的线圈，但电压线圈导线比较细、匝数多，与负载并联，所以又称为并联电磁铁。

2）转动部分：由铝质的转动圆盘、固定转动圆盘的转轴构成，转轴支承在上下轴承中。电能表工作时，电流元件和电压元件产生的交变磁场使铝盘感应出的涡流与该交变磁场相互作用，驱使圆盘产生转动。

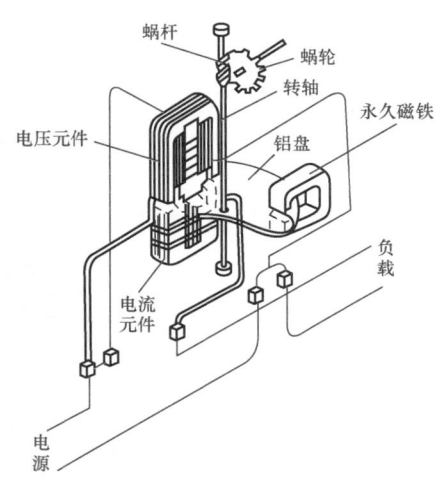

图 3-12　感应系电能表的结构示意图

3）制动部分：由永久磁铁构成，它是用来在铝盘转动时产生制动力矩的，使铝盘的转速能和被测功率成正比，以便用铝盘的转数来反映被测电能的大小。

4）积算机构：用来计算铝盘在一定时间内的转数，以便达到累计电能的目的。当铝盘转动时，通过蜗杆蜗轮及齿轮级的传动，带动滚轮组转动。这样，就可以通过滚轮上的数字来反映铝盘的转数，也就是所测电能的大小。

2．工作原理

当电能表接入被测电路后，被测电路电压 U 加在电压线圈上，在其铁芯中形成一个交变的磁通，这个磁通的一部分 Φ_U 由回磁极穿过铝盘到回到电压线圈的铁芯中；同理，被测电路电流 I 通过电流线圈后，也要在电流线圈的 U 形铁芯中形成一个交变磁通 Φ_i，这个磁通由 U 形铁芯的一端由下至上穿过铝盘，然后又由上至下穿过铝盘回到 U 形铁芯的另一端。电能表的电路和磁路如图 3-13 所示，其中回磁板 4 是由钢板冲制而成的，它的下端伸入铝盘下部，与隔着铝盘和电压部件的铁芯柱相对应，以便构成电压线圈工作磁通的回路。

由于穿过铝盘的两个磁通是交流磁通，而且是在不同位置穿过铝盘，因此就在各自穿过铝盘的位置附近产生感应涡流，如图 3-13（b）所示，这两个磁通与这些涡流的相互作用，便在铝盘上产生推动铝盘转动的转动力矩。可以证明作用于铝盘的转动力矩 M_P 与被测电路的有功功率成正比，即

$$M_P = KUI\cos\varphi = KP \tag{3-10}$$

式中，K 为一比例常数；φ 是 I 与 U 的相位差。当铝盘在转动力矩的作用下开始转动时，切割穿过它的永久磁铁的磁通 Φ_i，将在其上产生一个涡流 I_f。这个涡流与永久磁铁的相互作用，将产生一个作用于铝盘与其转动方向相反的力矩 M_f，称为制动力矩。显然，铝盘转动越快，切割穿过它的磁力线就越快，所引起的磁通变化率就越大，产生的涡流越大，则制动力矩就越大，所以制动力矩和铝盘的转速 n（r/s）成正比，即

$$M_f = kn \tag{3-11}$$

式中，k 为一比例常数。由此说明，制动力矩是一个动态力矩，当铝盘不动时，制动力矩不存在。制动力矩是随铝盘的转动而产生的，并随转速增大而增大，其方向总是和铝盘的转动方向相反。

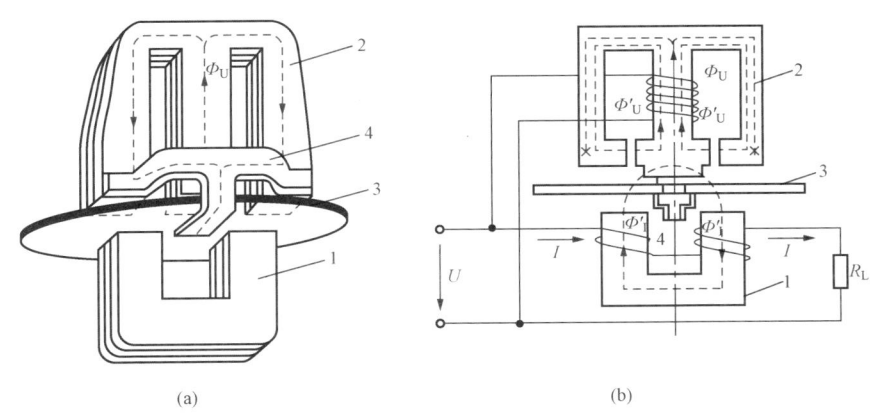

图 3 - 13 电能表的电路和磁路

（a）铁芯结构；（b）电路和磁路

1—电流元件铁芯；2—电压元件铁芯；3—铝盘；4—回磁板

当铝盘在转动力矩的作用下开始转动后，随着转速的增加，其制动力矩不断增加，直到制动力矩与转动力矩相平衡。此时，作用于铝盘的总力矩为零，铝盘的转速不再增加，而是稳定在一定的转速下。所以，按平衡条件 $M_P = M_f$，将式（3 - 10）和式（3 - 11）代入即得

$$kn = KP$$

即转速为

$$n = KP/k = CP \qquad\qquad (3 - 12)$$

式中，C 为电能表常数。

由此可见，电能表铝盘的转速和负载功率成正比。将式（3 - 12）两端同时乘以测量时间 T，得

$$nT = CPT = CW$$

式中，nT 为在测量时间内电能表铝盘的转数，以 N 表示，故被测负载在时间 T 内所消耗的电能为

$$W = N/C \qquad\qquad (3 - 13)$$

式中，$C = N/W$，C 为电能表每 1kWh 下铝盘的转数，即千瓦小时数，r/kWh。电能表常数 C 是电能表的一个重要参数，通常标注在电能表的铭牌上。

3．技术特性

主要特性有：①准确度等级；②负载范围；③灵敏度；④潜动；⑤功率消耗等。

4．使用方法

1）合理选择电能表：一是根据任务选择单相或三相电能表。对于三相电能表，应根据被测线路是三相三线制还是三相四线制来选择。二是额定电压、电流的选择，必须使负载电压、电流等于或小于其额定值。

2）安装电能表：电能表通常与配电装置安装在一起，而电能表应该安装在配电装置的下方，其中心距地面 1.5～1.8m 处；并列安装多只电能表时，两表间距不得小于 200mm；不同电价的用电线路应该分别装表；同一电价的用电线路应该合并装表；安装电能表时，必须使表身与地面垂直，否则会影响其准确度。

3）正确接线：要根据说明书的要求和接线图把进线和出线依次对号接在电能表的出线头

上；接线时注意电源的相序关系，特别是无功电能表更要注意相序；接线完毕后，要反复查对无误后才能合闸使用。

当负载在额定电压下是空载时，电能表铝盘应该静止不动。

当发现有功电能表反转时，可能是接线错误造成的，但不能认为凡是反转都是接线错误。下列情况下反转属正常现象：①装在联络盘上的电能表，当由一段母线向另一段母线输出电能时，电能表盘会反转；②当用两只电能表测定三相三线制负载的有功电能时，在电流与电压的相位差角大于 $60°$，即 $\cos\varphi < 0.5$ 时，其中一个电能表会反转。

正确读数：当电能表不经互感器而直接接入电路时，可以从电能表上直接读出实际电度数；如果电能表利用电流互感器或电压互感器扩大量程时，实际消耗电能应为电能表的读数乘以电流变比或电压变比。

二、三相电能表

三相电能表用于测量三相交流电路中电源输出（或负载消耗）的电能。它的工作原理与单相电能表完全相同，只是在结构上采用多组驱动部件和固定在转轴上的多个铝盘的方式，以实现对三相电能的测量。

根据被测电能的性质，三相电能表可分为有功电能表和无功电能表；由于三相电路的接线形式的不同，又有三相三线制和三相四线制之分。下面简要介绍一下三相有功电能表的一些特性。

三相四线制有功电能表与单相电能表不同之处，只是它由三个驱动元件和装在同一转轴上的三个铝盘所组成，它的读数直接反映了三相所消耗的电能。也有些三相四线制有功电能表采用三组驱动部件作用于同一铝盘的结构，这种结构具有体积小，重量轻，减小了摩擦力矩等优点，有利于提高灵敏度和延长使用寿命等。但由于三组电磁元件作用于同一个圆盘，其磁通和涡流的相互干扰不可避免地加大了，为此，必须采取补偿措施，尽可能加大每组电磁元件之间的距离，因此，转盘的直径相应的要大一些。

三相三线制有功电能表采用两组驱动部件作用于装在同一转轴上的两个铝盘（或一个铝盘）的结构，其原理与单相电能表完全相同。至于三相无功电能表的结构和原理读者可参阅有关资料书籍。

三相电能表的接线如图 3-14 所示。

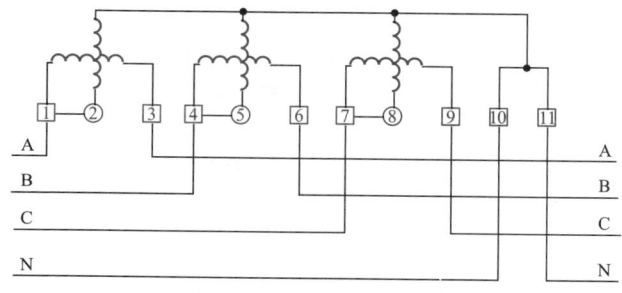

图 3-14　三相电能表接线图

三、新型电能表简介

1. 长寿式机械电能表

长寿式机械电能表是在充分吸引国内外电能表设计、选材和制造经验的基础上开发的新型电能表，具有宽负载、长寿命、低功耗、高精度等优点。它与普通电能表相比，在结构上具有以下特点：

1）表壳采用高强度透明聚碳酸酯注塑成型，在 60～110℃不变形，能达到密封防尘、抗腐蚀老化及阻燃的要求。

2）底壳与端钮盒连体，采用高强度、高绝缘、高精度的热固性材料注塑成形。

3）轴承支撑点采用进口石墨衬套及高强度不锈钢针组成。

4）阻尼磁钢由铝、镍、钴等双极强磁材料，经过高、低温老化处理，性能稳定。

5）计数器支架采用高强度铝合金压铸，字轮、标牌均能防止紫外线辐射，不褪色，齿轮接触可靠。

6）电压线路功耗小于 1.8W，损耗小，节能。

7）电流量程一般为 5～15A 或 20～30A。

2. 静止式电能表

静止式电能表是借助于电子电能计量的机理，继承传统感应式电能表的优点，采用全屏蔽、全密封的结构，具有良好的抗电磁干扰性能，集节电、可靠、轻巧、高精度、高过载、防窃电等为一体的新型电能表。

静止式电能表的工作原理为：由分流器取得电流采样信号，分压器取得电压采样信号，经过乘法器得到电压、电流乘积信号，再经频率变换产生一个频率与电压、电流乘积成正比的计算脉冲，通过处理器分频，驱动计数器计量。

静止式电能表按电压等级分为单相电子式、三相电子式和三相四线电子式等；按用途可分为单一式和多功能式。

静止式电能表的安装使用要求，与一般机械式电能表大致相同，但接线宜粗，避免因接触不良而发热烧毁。

3. 电子预付费电能表

又叫做机电一体化预付费电能表或 IC 卡表。它不仅具有电子式电能表的各种优点，而且电能计量采用微电子技术进行数据采集、处理和保存，实现先付费后用电的管理功能。

电子预付费电能表由电能计量和微处理器两个主要功能块组成，电能计量功能块，产生表示用电多少的脉冲序列，送至微处理器进行电能计量；微处理器则通过电卡接头与电能卡（IC 卡）传递数据，实现各种控制功能。

电子预付费电能表也有单相和三相之分。

4. 防窃电型电能表

防窃电型电能表是一种集防窃与计量功能于一体的新型电能表，可有效地防止违章窃电行为，给用电管理带来极大的方便。

防窃型电能表主要有以下特点：

1）正常使用时，盗电制裁系统不工作。

2）当出现非法短路回路时，盗电制裁系统工作，电能表加快运转，并警告非法用电户停止窃电行为。如电能表反转时，此表采用了双向计数装置，使倒转照样计数。

第4章

电工技术实验常用仪器设备

电工技术实验常用仪器包括示波器、直流稳压电源、函数信号发生器等，扎实灵活地掌握它们的使用方法，对后续专业课程实验及日后的工作都会有极大的帮助。

第1节 示 波 器

一、示波器的工作原理

示波器是一种应用非常广泛，且使用方法相对复杂的仪器，它能直接显示信号波形及测量信号电压、周期、频率。信号波形可以是平稳的直流电压，也可以是各种形式的交流信号电压。

示波器的主要优点：

1）能把非常抽象的、看不见的周期性变化的信号及瞬变的脉冲信号，在显示屏上描绘出具体的图像波形（变化规律和幅值的大小），以供观察、研究和分析。

2）利用换能装置，还可以把声、光、热、磁、力、振动、速度等非电量的自然变化过程，变成电信号波形显示出来。

3）示波器信号输入端阻抗很高，因此对被测电路影响极小。

利用示波器能够十分方便地观察到电信号的瞬态变化过程，因此有着广泛的应用领域。随着应用领域的扩展，电子示波器的种类也越来越多。按工作原理来分，可分为模拟示波器与数字示波器两大类。按用途来分，除通用单踪示波器外，还有可显示两个以上波形的多踪示波器；利用取样技术，将高频信号转为低频信号显示的取样示波器；将极低频信号存储起来，以低频方式显示的存储示波器。此外，还有特殊功能的特种示波器，如电视示波器、矢量示波器、逻辑示波器等。本节介绍模拟示波器的一般原理和使用方法。

1. 模拟示波器工作原理

示波器是利用电子示波管的特性，将肉眼无法直接观测的交变电信号转换成图像，显示在荧光屏上以便测量的电子测量仪器，它是观察电路实验现象、分析实验中的问题、测量实验结果必不可少的重要仪器。在本质上，模拟示波器工作方式是直接测量信号电压，并通过从左到右穿过示波器屏幕的电子束在垂直方向描绘电压。模拟示波器由示波管和电源系统、同步系统、X 轴偏转系统、Y 轴偏转系统、延迟扫描系统、标准信号源组成。

1）示波管。阴极射线管（CRT，Cathode Ray Tube）简称示波管，是示波器的核心。它将电信号转换为光信号。如图 4-1 所示，电子枪、偏转系统和荧光屏三部分密封在一个真空玻璃壳内，构成了一个完整的示波管。

2）荧光屏。示波器的屏幕一般为圆形或矩形，现在的示波管屏面通常是矩形，形成刻度方格图如图 4-2 所示。刻度方格图的小格一般为正方形，例如灵敏度选择开关"V/div"中的 div，表示每格能显示的电压。一般情况下每格边长为 1cm，所以也可写成 V/cm，两者是统一的。

荧光屏内表面沉积一层磷光材料构成荧光膜。在荧光膜上常又增加一层蒸发铝膜。高速电

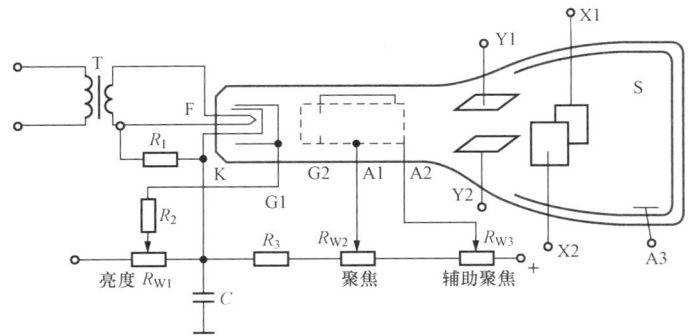

图 4-1 示波管的内部结构和供电图示

子穿过铝膜，撞击荧光粉而发光形成亮点。铝膜具有内反射作用，有利于提高亮点的辉度。铝膜还有散热等其他作用。

当电子停止轰击后，亮点不能立即消失而要保留一段时间。亮点辉度下降到原始值的 10% 所经过的时间叫做"余辉时间"。余辉时间短于 $10\mu s$ 为极短余辉，$10\mu s \sim 1ms$ 为短余辉，$1ms \sim 0.1s$ 为中余辉，$0.1 \sim 1s$ 为长余辉，大于 $1s$ 为极长余辉。一般的示波器配备中余辉示波管，高频示波器选用短余辉，低频示波器选用长余辉。

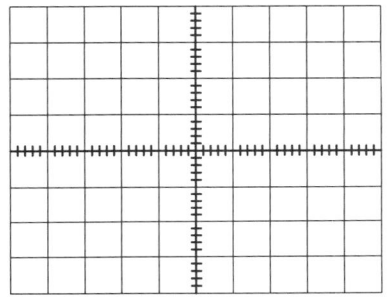

图 4-2 示波器屏幕刻度方格图

由于所用磷光材料不同，荧光屏上能发出不同颜色的光。一般示波器多采用发绿光的示波管，以保护人的眼睛。

3）电子枪及聚焦。电子枪由灯丝（F）、阴极（G1）、前加速极（G2）（或称第二栅极）、第一阳极（A1）和第二阳极（A2）组成。它的作用是发射电子并形成很细的高速电子束。灯丝通电加热阴极，阴极受热发射电子。栅极是一个顶部有小孔的金属圆筒，套在阴极外面。由于栅极电位比阴极低，对阴极发射的电子起控制作用，一般只有运动初速度大的少量电子，在阳极电压的作用下能穿过栅极小孔，奔向荧光屏。初速度小的电子仍返回阴极。如果栅极电位过低，则全部电子返回阴极，即管子截止。调节电路中的 R_{W1} 电位器，可以改变栅极电位，控制射向荧光屏的电子流密度，从而达到调节亮点的辉度。第一阳极、第二阳极和前加速极都是与阴极在同一条轴线上的三个金属圆筒。前加速极 G2 与 A2 相连，所加电位比 A1 高。G2 的正电位对阴极电子奔向荧光屏起加速作用。

电子束从阴极奔向荧光屏的过程中，经过两次聚焦过程。第一次聚焦由 K、G1、G2 完成，K、G1、G2 叫做示波管的第一电子透镜。第二次聚焦发生在 G2、A1、A2 区域，调节第二阳极 A2 的电位，能使电子束正好会聚于荧光屏上的一点，这是第二次聚焦。A1 上的电压叫做聚焦电压，A1 又叫做聚焦极。有时调节 A1 电压仍不能满足良好聚焦，需微调第二阳极 A2 的电压，A2 又叫做辅助聚焦极。

4）偏转系统。偏转系统控制电子射线方向，使荧光屏上的光点随外加信号的变化描绘出被测信号的波形。图 4-1 中，Y1、Y2 和 X1、X2 两对互相垂直的偏转板组成偏转系统。Y 轴偏转板在前，X 轴偏转板在后，因此 Y 轴灵敏度高（被测信号经处理后加到 Y 轴）。两对偏转板分别加上电压，使两对偏转板间各自形成电场，分别控制电子束在垂直方向和水平方向偏转。

5）示波管的电源。为使示波管正常工作，对电源供给有一定要求。规定第二阳极与偏转板之间电位相近，偏转板的平均电位为零或接近为零。阴极必须工作在负电位上。栅极 G1 相对阴极为负电位（$-30\sim-100\mathrm{V}$），而且可调，以实现辉度调节。第一阳极为正电位（$100\sim600\mathrm{V}$），也应可调，用作聚焦调节。第二阳极与前加速极相连，对阴极为正高压（约 $1000\mathrm{V}$），相对于地电位的可调范围为 $\pm50\mathrm{V}$。由于示波管各电极电流很小，可以用公共高压经电阻分压器供电。

2. 示波器的基本组成

从上一小节可以看出，只要控制 X 轴偏转板和 Y 轴偏转板上的电压，就能控制示波管显示的图形形状。我们知道，一个电子信号是时间的函数 $f(t)$，它随时间的变化而变化。因此，只要在示波管的 X 轴偏转板上加一个与时间变量成正比的电压，在 Y 轴加上被测信号（经过比例放大或者缩小），示波管屏幕上就会显示出被测信号随时间变化的图形。电信号中，在一段时间内与时间变量成正比的信号是锯齿波。

示波器的基本组成框图如图 4-3 所示。它由示波管、Y 轴系统、X 轴系统、Z 轴系统和电源等五部分组成。

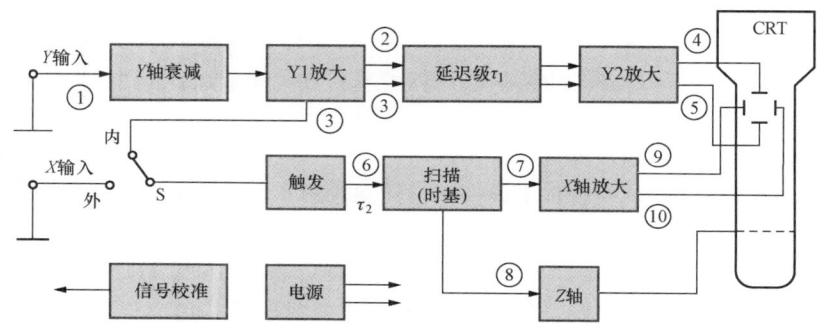

图 4-3 示波器基本组成框图

被测信号①接到 Y 输入端，经 Y 轴衰减器适当衰减后送至 Y1 放大器（前置放大），推挽输出信号②和③。经延迟级延迟 τ_1 时间，到 Y2 放大器。放大后产生足够大的信号④和⑤，加到示波管的 Y 轴偏转板上。为了在屏幕上显示出完整的稳定波形，将 Y 轴的被测信号③引入 X 轴系统的触发电路，在引入信号的正（或者负）极性的某一电平值产生触发脉冲⑥，启动锯齿波扫描电路（时基发生器），产生扫描电压⑦。由于从触发到启动扫描有一时间延迟 τ_2，为保证 Y 轴信号到达荧光屏之前 X 轴开始扫描，Y 轴的延迟时间 τ_1 应稍大于 X 轴的延迟时间 τ_2。扫描电压⑦经 X 轴放大器放大，产生推挽输出⑨和⑩，加到示波管的 X 轴偏转板上。Z 轴系统用于放大扫描电压正程，并且变成正向矩形波，送到示波管栅极。这使得在扫描正程显示的波形有某一固定辉度，而在扫描回程进行抹迹。

以上是示波器的基本工作原理。双踪显示则是利用电子开关将 Y 轴输入的两个不同的被测信号分别显示在荧光屏上。由于肉眼的视觉暂留作用，当转换频率高到一定程度后，看到的是两个稳定的、清晰的信号波形。

示波器中往往有一个精确稳定的方波信号发生器，供校验示波器用。

示 波 器 的 发 明

　　1878 年英国 W. 克鲁克斯发现了阴极射线，并且用磁铁使真空管中的阴极射线产生了偏移。到了 1897 年，德国 K.F. 布劳恩研制成第一支冷阴极静电偏转电子射线示波管，同时用它制作了一台"可变电流观察仪"，这台原始的装置即是最早的"示波"仪器。1931 年，美国通用无线电公司利用曼弗雷德·冯·阿德奈研制的示波管制成了示波器。这种示波器分成为阴极射线管和装有聚焦旋钮的主机两部分，售价 265 美元，这在当时是十分昂贵的。美国艾伦·B. 杜蒙对现代示波器的发展起了重要作用，他在 1930 年至 1931 年间研制成功多种示波管，并在 1932 年制成了他的第一台示波器。1933 年杜蒙推出了一体化的示波器，1934 年初又发明了 137 型示波器。这种新型的示波器带有测量坐标片，可利用前面板的旋钮连续调整扫描和聚焦，堪称现代示波器的雏形。此后，杜蒙不断致力于示波器的改进，为使示波器成为一种重要的测量工具做了大量的工作。1946 年美国 Tektronix 公司创立，成为示波器开发生产的主要厂商。

二、示波器的使用方法

1. 示波器的性能

　　不同性能的示波器所能完成的测量对象是不同的，因此了解示波器的工作性能是非常重要的。

　　输入灵敏度是示波器重要性能之一，其意义是指屏幕每格能够显示的最低输入信号电压。例如灵敏度为 5mV/div（屏幕上的每个方格），或者写成 5mV/cm，即表示示波器屏幕每格（每厘米）所能显示的信号电压为 5mV。

　　示波器输入灵敏度分成许多挡级，V/div 选择开关的外形如图 4 - 4（a）所示，有最高灵敏度挡（图中所示为 5mV）和最低灵敏度挡（图中所示为 5V）。当输入信号电压低于示波器的最高灵敏度值 5mV 时，示波器将难以显示。另外，当输入信号超过 400V 时，即使示波器在最低灵敏度挡，波形峰值都可能超出屏幕的范围。当然，如果使用 1∶10 衰减探头，输入电压的范围就扩大至 10 倍。

　　示波器最重要的性能是 Y 轴通道的频率响应（即频带宽度）和扫描速度 t/div、SEC/DIV 或写成 t/cm。如果输入信号频率超过示波器的频带宽度，该示波器就不能适用。

　　扫描速度从最快扫描速度到最慢扫描速度分成许多挡。扫描挡次选择开关的外形如图 4 - 4（b）。如图中所示示波器的最快扫速为 0.2μs/div，则一个上升时间为 0.2μs 的波形在屏幕上占据 1cm，基本可以看清。如果上升速度更快（时间更短）时，用该示波器就不能观察了（若用扩展×10 挡，最快扫速可达 20ns/div）。此示波器最慢扫速为 0.5s/div，信号波形上升时间低于此值时，信号已不能看清。对十分缓慢变化的信号，宜采用慢扫描的低频或超低频示波器观测。

　　若要使测量的高频信号或窄脉冲能不失真地重现，要求信号的工作频率必须低于示波器的最高工作频率。例如，当脉冲信号的脉冲上升时间为 t_s（μs）时，则示波器带宽（最高工作频率）由下式估算

$$B > \frac{2.2}{t_s} \quad (\text{MHz})$$

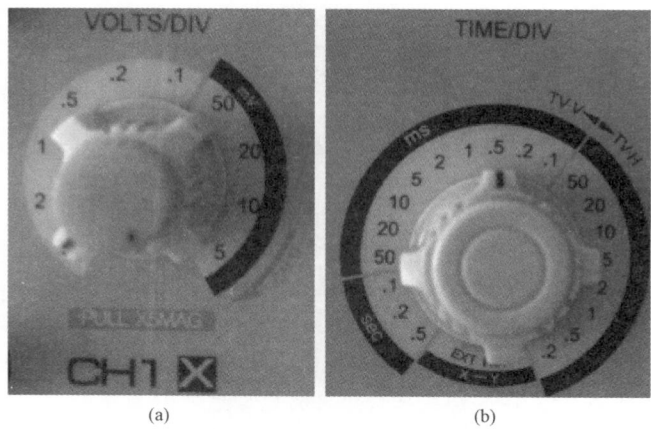

图 4-4　灵敏度开关与扫描速度开关

(a) 灵敏度开关；(b) 扫描速度开关

2. 使用前的注意事项

(1) 检查电源电压，电压范围应在 $220V \pm 10\%$ 之内。

(2) 使用环境温度为 $0 \sim +40 \text{℃}$，湿度 $\leqslant 90\% (+40 \text{℃})$，工作环境无强烈的电磁场干扰。

(3) 输入端不应输入超过技术参数所规定的电压。

(4) 显示光点的辉度不宜过亮，以免损坏屏幕。

3. 示波器面板开关

示波器型号不同，面板上的按键、旋钮的布局也不相同，但功能是一样的。图 4-5 是实验室常见的一些示波器的外形图。示波器面板上的按键、旋钮按功能可分成电源和显示部分、垂直放大系统、扫描和触发系统、其他特性等几部分。这里再将示波器面板上的主要工作开关介绍如下。

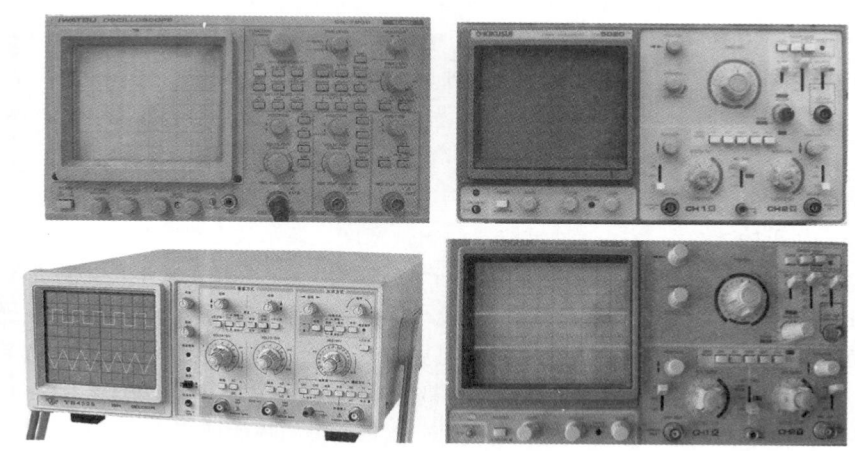

图 4-5　实验室常见示波器外形图

(1) 电源和显示部分。

1) INTENSITY（亮度旋钮，也叫辉度旋钮）：调节显示器亮度。顺时针调节增加亮度，逆时针反之。

2）FOCUS（聚焦旋钮）：调节此旋钮，以获得最清晰、尖细的光迹线。

3）TRACE ROTATION（光迹旋转钮）：当示波器由于位置改变或受外磁场影响而致使光迹线倾斜时，可用无感螺丝刀调整此旋钮。

4）CAL（校准信号输出端）：由此端子输出方波校准信号，频率与幅值因示波器型号而有所差异。

（2）垂直放大系统。

1）CH1 或 X 输入端：垂直输入端 CH1。在 X-Y 方式时，X 轴（水平）信号输入端。

注意

为避免仪器受损，所输入信号对地不要超过 400V（DC＋AC$_{p-p}$）。

2）CH2 或 Y 输入座：垂直输入端 CH2。在 X-Y 方式时，Y 轴（垂直）信号输入端。

注意

为避免仪器受损，所输入信号对地不要超过 400V（DC＋AC$_{p-p}$）。

3）"DC-GND-AC" 或 "DC-⊥-AC"——垂直输入选择开关：在 "DC" 位置时，输入信号（直流或交流）均可直接馈至放大器。尤其是观察直流或含直流分量的交流信号时，必须将选择开关置于此挡。

在 "GND" 或 "⊥" 位置时，信号通路断开，并使垂直放大器输入端接地，此时仍提供零参考基准线，测量直流电压或信号含直流分量时，以此基线作为零参考基准。

在 "AC"（交流）位置时，阻断输入信号 "DC"（直流）分量。

4）"VOLTS/DIV" 或 "V/div"（灵敏度选择开关）：垂直方向衰减器，提供垂直灵敏度的挡次。当微调位于校准仪置时（顺时针转至满度），可根据被测信号的幅度选择最适当的挡级，以利观测。

5）VAR（垂直微调旋钮）：在灵敏度的每一挡中都能连续调节偏转灵敏度。垂直微调旋钮在顺时针旋足为校正位置。

6）×5 扩展开关：如果选择×5 扩展，则垂直轴灵敏度扩大 5 倍，也就是说，测量得到的电压是偏转灵敏度指示值的 1/5。

7）POSITION↑↓（位移旋钮）：垂直位移旋钮调节 CH1 或 CH2 通道光迹在屏幕上的垂直位置，顺时针旋转光迹上移，逆时针旋转光迹下移。水平位移旋钮调节两个通道光迹在屏幕上的水平位移。根据位移旋钮的箭头标识可予以分辨。

8）"VERTCAL MODE"（垂直方式选择开关）："CH1" 位置仅显示 CH1 通道输入的信号；"CH2" 位置仅显示 CH2 通道输入的信号；"CHOP" 或 "断续" 方式，同时显示两通道信号，一般在信号频率较低时使用；"ALT" 或 "交替" 方式，同时显示两通道信号，一般在信号频率较高时使用；在 "ADD" 方式处，为两通道信号代数和的形式显示。

（3）扫描和触发系统。

1）"SEC/DIV"或"t/div"（扫描速度开关，简称扫速开关）：显示瞬时电压与时间关系的曲线。Y轴方向表示电压，X轴方向表示时间。当微调处于"校准"位置时，从开关所在挡次与屏幕显示的刻度，可直接换算出扫描速度值，即每格所表示的时间。

2）"VAR"（水平微调钮）：在每一水平扫描速度挡均能连续微调扫速，只有当水平微调钮顺时针旋到底时，扫速开关才处于校准位置。

3）×10扩展开关：当按下×10扩展键，扫描速度扩展10倍，也即扫描时间是扫速开关指示值的1/10。

4）HOLDOFF（释抑）：在扫描结束后提供连续可变的释抑时间，以利于对非周期性信号的同步性能。

5）SWEEP MODE（扫描方式）：选择需要的扫描方式。

AUTO（自动）位置选择扫描电路自动进行扫描，在没有信号输入或输入信号没有被触发同步时，屏幕上仍显示扫描基线，自动往复触发的条件是接收到不小于50Hz信号，并且其他触发控制钮设置正确。

NORM（常态）位置仅当接收到触发信号和其他的触发设置正确时才能扫描。当信号频率低于10Hz时，没有扫描线。主要用于低于50Hz的信号。

TV（电视）位置允许对电视场信号进行触发。

LOCK（锁定）位置触发电平范围被限定在触发信号的幅度之间。

6）"TRIGGER LEVEL"或"电平"旋钮：调节触发信号波形上的起始电平，可以在所需电平上启动扫描。当触发电平位置越过触发区域时，扫描将不启动，屏幕上无波形显示。因此当加有信号而在屏幕上未出现图形时，应调节此旋钮。

7）"TRIGGER SOURCE"——触发源选择：可方便地选择触发源。VERT（垂直）：进入CH1或CH2的信号是触发信号，假使垂直方式开关在CH1通道，那CH1自动成为触发源；假使垂直方式开关在CH2通道，则CH2自动成为触发源。当垂直方式开关在ALT（双踪）位置，在所有SEC/DIV挡范围内信号交替触发。

CH1：当CH1有信号，可选择触发源CH1。

LINE（电源）：选择电源为触发信号，如果触发信号与市电频率相关，则允许选择电源触发以得到稳定波形。

EXT（外触发）：选择外触发输入座的信号为触发信号。外触发输入端对地电压不能超过400V(DC＋AC$_{p-p}$)。

8）"POSITION" ←→ （水平位移旋钮）：水平位移旋钮可调节信号在水平方向的位置。

以上是示波器的主要工作开关或调节旋钮。其他工作开关当读者用到时，可参看该示波器的使用说明书。

三、示波器探头

1. 示波器探头的作用

本质上，示波器探头是在测试点或信号源和示波器之间建立了一条物理和电子连接。实际上，示波器探头是把信号源连接到示波器输入端的某类设备或网络，它必须在信号源和示波器输入端之间提供足够方便优质的连接。连接的充分程度有三个关键的问题：物理连接、对电路操作的影响和信号传输。

示波器探头对测量电路有如下作用：

（1）负载效应。所谓负载效应就是在被测电路上接入示波器时，有时示波器的输入电阻会对被测电路产生影响，致使被测电路的信号发生变化。若负载效应的影响很大，就不能准确地进行波形测量。若要减小负载效应，就需要将示波器一端的输入电阻增大。输入电阻越大，输入电容越小，负载效应就越小。

在示波器测量中，另外一种负载效应指的是探头对被测电路的负载效应，为保证测量的准确性，需要减轻探头对被测电路的负载效应，不至于影响到被测信号，因此应选择高输入阻抗的探头。探头的输入阻抗可以等效为电阻与电容的并联。低频时（1MHz 以下）探头的负载主要是阻抗作用；高频时（10MHz 以上）探头的负载主要是容抗作用。为了减轻探头对被测电路的负载作用，应选择高阻抗、低容抗的探头，例如带宽 100MHz 用的无源探头，它的输入电阻是 1～10Ω，输入电容是 1～10pF。有源探头的负载作用优于无源探头，频率特性更好。

（2）阻抗匹配。阻抗是电压和电流之比，在理想情况下，对被测仪器进行测试时不应影响它的正常工作，测量值也应和未接测试仪器时相同。当连接仪器进行测量时，要考虑阻抗对测量准确性的影响，为了保证仪器之间能够传送最大的功率，阻抗应该匹配。如果阻抗为纯电阻，应使输入阻抗与输出阻抗的值相等。如果阻抗包含电抗成分应使负载的输入阻抗与源的输出阻抗共轭匹配，这时能够传送最大功率。

阻抗匹配的阻抗值通常和使用的传输线的特性阻抗值一致。对于射频系统，一般采用 50Ω 阻抗。对于高阻抗仪器，由于等效并联电容的存在，随着频率升高，并联组合阻抗逐渐变小，将对被测电路形成负载。如 1MΩ 输入阻抗，在频率达到 100MHz 时，等效阻抗只有 100Ω 左右。因此，高带宽的示波器一般都采用 50Ω 输入阻抗，这样可以保证示波器与源端的匹配。但是使用 50Ω 输入阻抗时，必须考虑到 50Ω 输入阻抗的负载效应比较明显，此时最好使用低电容的有源探头。

（3）电容负荷。随着信号频率或转换速率的提高，阻抗的电容成分变成主要因素。结果，电容负荷成为主要问题，特别是电容负荷会影响快速转换波形的上升时间和下降时间及波形中高频成分幅度。

扩展阅读 -

示波器探头的发展过程

在过去 50 年中，各种示波器探头接口设计一直在不断演进，以满足不断提高的仪器带宽速度和测量性能要求。在最早的年代，通常使用香蕉式插头和 UHF 型连接器。在 20 世纪 60 年代，普通 BNC（BRITISH NAVAL CONNECTOR）型连接器成为常用的探头接口类型，因为 BNC 体积更小、频率更高。目前，BNC 探头接口仍用于测试和测量仪器设计，当前更高质量的 BNC 型连接器提供了接近 4GHz 的最大可用带宽功能。

之后，某些厂家提出了普通 BNC 型探头接口设计变通方案，在使用 BNC 连接器的同时，额外提供了一个模拟编码的标度系数检测针脚，作为机械和电子接口设计的一部分，使得兼容的示波器能够自动检测和改变示波器显示的垂直衰减范围。

2. 示波器探头的分类

在使用示波器时，探头的作用常常被人忽视。要求探头必须不失真地将被测信号引入示波器进行测量。对于信号而言，如果有负载效应、阻抗不匹配及输入电容影响等，都会使信号发

生失真，甚至会引入外界其他信号及市电干扰。为了解探头的作用，这里简要介绍四种探头。

（1）直接测试探头。这是最简单的测试探头，通常也称1∶1测试探头，是由同轴电缆和

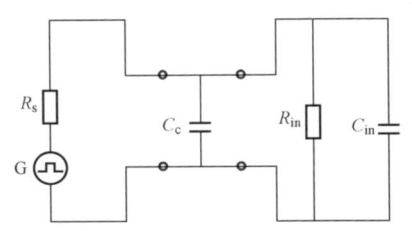

图 4-6 1∶1探头等效测试电路

1∶1探头附件组成。同轴电缆的芯线接探头中心测试点，外层屏蔽线接在探头与地相接的鳄鱼夹上。直接测试探头可以等效成如图4-6所示的测试电路。这种探头在信号频率比较低时，测试不存在问题。但当测试频率比较高的信号时，由于同轴电缆的等效电容的作用，将对测试结果产生较大的影响。

图4-6中G是信号源，其电动势为 E，R_s 是其内阻，C_c 是同轴线的等效电容，R_{in} 和 C_{in} 是示波器的输入电阻和输入电容。当信号频率比较低并且 $R_{in} \gg R_s$ 时，这时测试不存在问题。在示波器输入端出现的电压为

$$U_o = \frac{R_{in} E}{R_s + R_{in}}$$

当信号频率比较高时，电容的影响就不能忽略。因为容抗等于

$$X_c = \frac{1}{2\pi f C}$$

若 C_{in} 为15pF，同轴电缆长1m，C_c 大约为100pF。当频率 $f=1$MHz 时，则 $C_c + C_{in}$ 呈现的容抗 $X_c=1.3$kΩ。与1MΩ 的 R_{in} 相比，意味着电容负载很重。

（2）具有衰减的低电容探头（见图4-7）。如果探头将信号衰减1/10甚至1/100，那么探头的输入电容就可以很小，即使是测试频率极高的信号也不会产生失真。

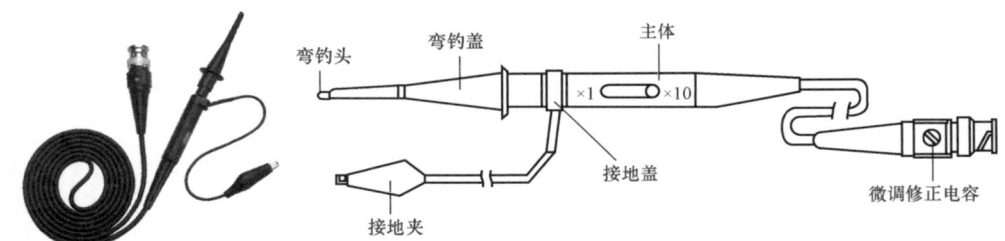

图 4-7 具有衰减的低电容探头

目前，多数示波器在探头的前端有一个用金属屏蔽层封装的RC衰减电路，通过这里的衰减选择开关可以选择"×1"或者是"×10"衰减。

当选择开关置"×1"时，被测信号没有被衰减，但却大大降低了输入阻抗。这对高频信号的测量是非常不利的，因此该位置常用来测量有低输入阻抗的低频信号。

当选择开关置"×10"时，由于该位置具有较高的输入阻抗，降低了对被测电路的影响，因而，用"×10"位置能准确测量高输出阻抗电路和高频信号。由于该位置将输入衰减到原来的1/10，因而在测量信号幅度时，应在观测结果的基础上×10。

在探头的后端（即与示波器的接口处），有一个RC补偿电路。该电路的功能是：调整示波器因输入特性的差异而产生的误差。调整的方法是：将本机的校正信号（1∶1的方波）通过探头引入示波器，观察该信号的波形，如有失真，调节此处的可变电容。调节后的波形如图4-8所示。

（3）集成运放有源探头。有源探头的集成运

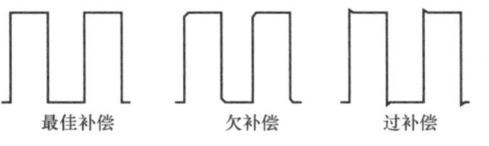

最佳补偿　　欠补偿　　过补偿

图 4-8 示波器探极补偿电路补偿效果图

放，其输入端是由 CMOS 场效应管组成的，因此也可以叫做场效应管探头。这种有源探头的框图如图 4 - 9 所示。

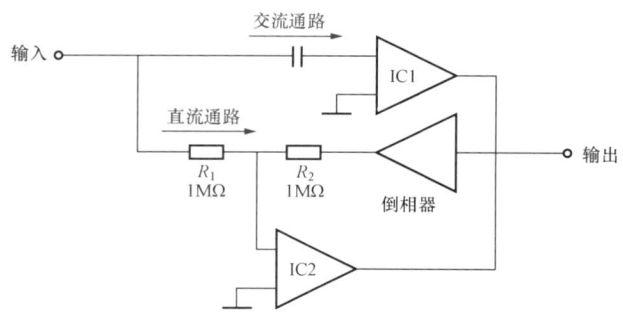

图 4 - 9 集成运放有源探头

这种有源探头制在一种小于火柴盒的盒中，置于电缆靠近示波器一端。电源一般从示波器端引入或者加接一个电源插口。图 4 - 9 中 IC1 是场效应管运放，放大倍数为 1，倒相器放大倍数也为 1。IC2 放大倍数很高，按图中那样连接，且 $R_1 = R_2$ 时，其放大倍数仍是 1。

当有高频信导输入时，要经过 IC1 这一路到达输出端。当有直流传号输入时，要经过 IC2 这一路到达输出端。当信号的交直流成分都存在时，交直流分别从上下支路通过，最后在输出端上两个信号叠加。

使用这种有源探头后，即可获得具有高输入阻抗、低输入电容且对信号没有衰减的较理想的探头。

（4）检波探头。检波探头的作用是将调幅信号中低频调制部分从高频载波中分离出来。也可以将射频信号变换成等于射频电压峰值的直流电平，最后接至示波器输入端并将波形显示在屏幕上。

这种检波测试探头的电路如图 4 - 10 所示。图 4 - 10（a）是常用的检波测试探头电路图，这种电路也称为单端测试电路。图 4 - 10（b）常称为双端测试电路，测试电路对探头中心测试点和地是对称的，以满足平衡输出时使用。两个电路中的检波二极管都是在高频检波时使用，可根据最高测试频率选择二极管的工作频率。信号检波后，通过同轴电缆引线间的分布电容对高频信号残余滤波，以得到低频调制信号。电阻 R 的作用主要作隔离用。

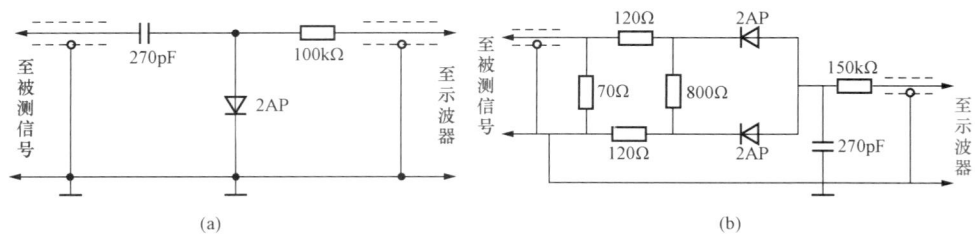

图 4 - 10 检波探头

（a）检波测试探头电路图；（b）双端测试电路

示波器探头的种类有许多。例如还有电流探头和高压探头，但并不常用，因此这里从略。

四、示波器的使用

1. 仪器使用前的自校

新购仪器或仪器久置复用时，应用机器内部校准信号进行自身检查，校准如下：

用探头分别接到 CH1(X) 通道输入端和校准信号输出端，仪器各控制机件见表 4 - 1。

表 4 - 1 示波器面板控制件作用位置表

面板控制件	作用位置	面板控制件	作用位置
垂直方式	CH1	扫描方式	自动
AC.⊥.DC	AC 或 DC	触发源	CH1
V/div	0.1V/div 或 10mV/div	极性	＋
X、Y 微调	校准	t/div	1ms/div
X、Y 位移	居中		

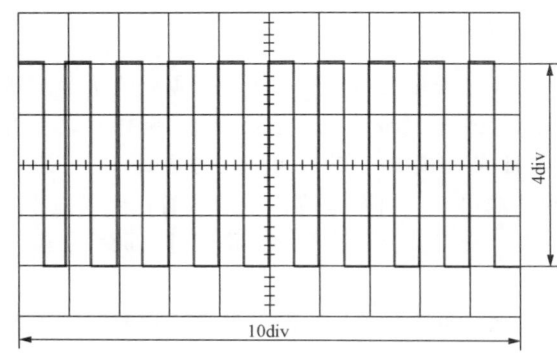

图 4 - 11 波形同步图

按电源开关，指示灯亮，表示电源接通，调节标尺亮度，刻度片刻度随之明暗。

经预热后，调节"辉度"、"聚焦"电位器，使亮度适中，聚焦最佳。通常基线光迹与水平坐标线平行，若出现不平，用无感螺丝刀调整光迹旋转电位器，使光迹和水平线平行。调节"触发电平"使波形同步，呈现图 4 - 11 所示波形。

将扫描微调拉出×10、10div 显示的一个周期，说明仪器正常工作。

 **注意**

不可将光点和扫描线调得过亮，否则不仅会使眼睛疲劳，而且长时间使用会使示波管荧光屏变黑，因此如果测量时需要高亮度，工作完后应立即调暗辉度。

2. 电压测量

用示波器可以对被测波形进行电压测量，正确的测量方法虽可根据不同的测试波形有所差异，但测量的基本原理是相同的。在一般情况下，多数测试波形同时含有交流和直流分量，测量时也经常需要测量两种分量复合或单独的数值。

（1）交流分量电压测量。一般测量被测波形峰与峰之间数值或者测量峰到某一波谷之间的数值，测量时通常将 Y 输入选择开关置于"AC"位置，将被测信号中直流分量隔开，以免使信号偏离 Y 轴中心，甚至使测量无法进行。当测量重复频率极低的交流分量时，应将输入选择开关置于"DC"，否则因频率影响，产生不真实的测试结果。测量步骤如下：

1）将 Y 微调按顺时针方向旋足并接通开关，即"校准"位置，根据被测信号波幅度和频率适当选择"V/div"和"t/div"开关挡级，并将被测信号直接或通过 10：1 探极输入仪器的 Y 轴输入端，调节触发"电平"使波形稳定在示波管的有效工作面内。

2）根据屏幕上的坐标刻度，读出显示波形的峰—峰值为 A，则被测电压＝$n \times A \times B$，式中：n 为探头衰减比，B 为 Y 轴 V/div 开关所处挡级。例如：如图 4-12 所示，探头衰减比 $n =$ 1，Y 轴灵敏度为 0.2V/div，被测信号的峰—峰值为 $A = 2\text{div}$，则被测信号的峰—峰值为

$$U_{P-P} = 1 \times 2\text{div} \times 0.2\text{V/div} = 0.4\text{V}$$

（2）瞬时电压的测量。瞬时电压测量需要一个相对的参考基准电位，一般情况下，基准电位是对地电位而言，但也可以是其他参考单位，其测量方法如下：

将 Y 输入选择开关置 "DC"，"V/div" 开关置于 mV/div 挡级，将探头插入所需的参考电位，触发选择置于 "自动"，此时出现一扫描线，调节 Y 移位，使光迹移到坐标片的使用位置（记下基准刻度），此时 Y 移位不能再动，并保持 Y 移位不变。

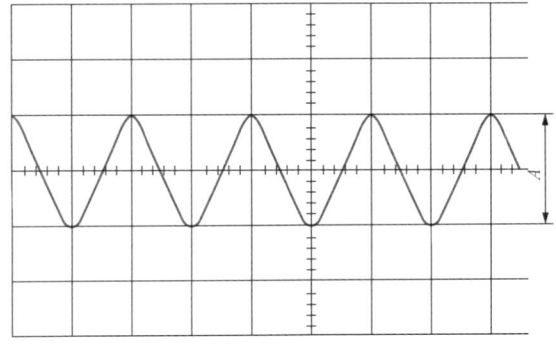

图 4-12 交流分量电压测试图

测试探头移到被测信号端，调节触发电平，使波形稳定。

读出被测波形上的某一瞬时相对基准刻度在 Y 轴的距离 A div。则被测瞬时电压为

$$U = n \times A \times B$$

例如：如图 4-13 所示，探头衰减比 $n = 10$，Y 轴灵敏度 B 为 20mV/div，被测点 P 与基准刻度为 5div，则瞬时电压

$$U = 10 \times 5\text{div} \times 20\text{mV/div} = 1\text{V}$$

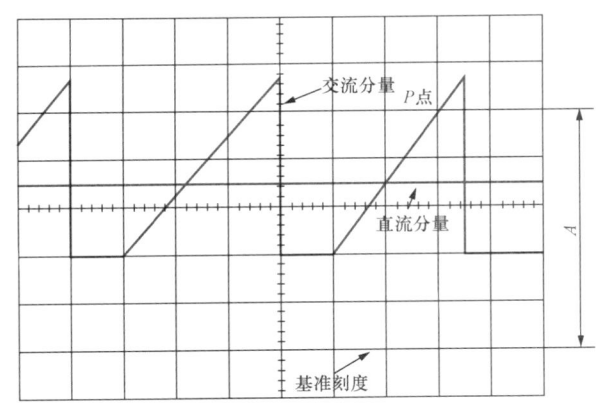

图 4-13 瞬时电压测试图

（3）时间测量。用示波器来测量各种信号的时间参数，可以取得比较精确的效果，因本机在荧光屏 X 方向上每个 div 的扫描速度是定量的，通常测量时间的步骤如下：

将 "t/div" 置于适当的挡级 b/div，调节有关控制件使显示波形稳定。

根据坐标片 X 轴的刻度，读出被测波形上所需 P、Q 两点之间距离为 a，被测两点之间的时间为 $a \times b$。若测量时 X 扩展置于 "拉出×10"，则应将测得的时间除以 10。

如图 4-14 所示，扫描时间因数 t/div 置于 2ms/div，被测二点 P、Q 之间距离为 5div，则 P、Q 两点时间间隔：$t = 5\text{div} \times 2\text{ms/div} = 10\text{ms}$。

（4）相位测量。对于两个同频率信号间的相位差，可以使用示波器的双踪功能来进行，这种相位差的测量可以使用到垂直系统的频率极限，可用下列步骤来进行相位比较。

预置仪器控制件获得光迹基线，然后将垂直方式开关置于 "ALT"（频率低时可用 "CHOP"），触发源置于 "垂直"。

据耦合要求，两个 "耦合方式" 开关应置于相同位置。

两根具有相同时间延迟的探极或同轴电缆，将已知两个信号输入 CH1 和 CH2，并使波形稳定。

CH1 和 CH2 位移，使两踪波形均移到上下对称于 $O—O'$ 轴上，读出 A、B，则相位差角 $\varphi = (A/B) \times 360°$，如图 4-15 所示。

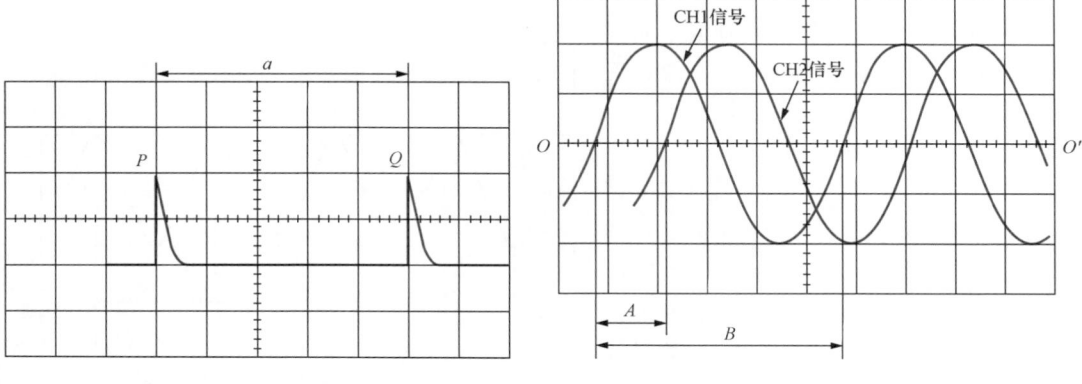

图 4-14　时间测试图

图 4-15　相位差测试图

第2节　直流稳压电源和函数信号发生器

一、直流稳压电源

直流稳压电源是能为负载提供稳定直流电源的电子装置，是电工实验中最常用的设备之一，有恒压源、恒流源两种模式，一般的直流稳压电源都具有这两种功能。直流稳压电源的供电电源大都是交流电源，当交流供电电源的电压或负载电阻变化时，稳压器的直流输出电压都会保持稳定。随着电子设备向高精度、高稳定性和高可靠性的方向发展，对电子设备的供电电源提出了更高的要求。

1. 直流稳压电源的工作原理

直流稳压电源的工作原理方框图如图 4-16 所示。

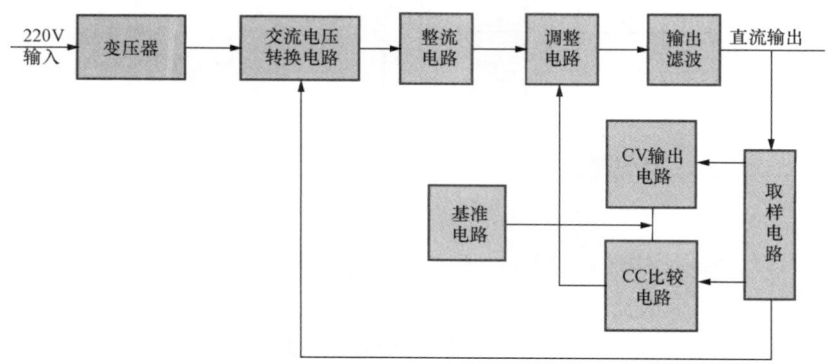

图 4-16　直流稳压电源的工作原理方框图

（1）交流电压换挡原理。由于输出电压的变化范围比较宽，本电路由运算放大器组成模/数转换控制电路，将电源输出电压转换成不同数码，通过驱动电路控制继电器动作，达到自动换挡目的，随着输出电压的变化，模/数转换器输出不同的数码，控制继电器动作，及时调整送入整流器的输入电压，保证调整管两端电压值始终保持在最合理的范围内。

（2）调整电路。调整电路是串联线性调整器，由比较放大器控制调整管，使输出电压（电流）稳定。

1）稳压工作：本电路输出电流可以预置，当输出电流小于预置电流时，电路处于稳压状态，CC 比较电路处于控制优先状态。当输入电压或负载变化时，输出电压发生相应变化，此变化经取样电路输入比较电路与基准电压比较放大，并控制调整管，使输出电压回到原来的数值，达到输出电压恒定的效果。

2）稳流工作：当负载改变，输出电流大于预置电流时，CC 比较电路处于控制优先状态，控制调整管，当负载加重使输出电流加大时，CC 比较电路输出低电平，使调整管电流趋于原来的值，恒定在预置的电流值，达到输出电流恒定不变的效果，从而使电源及负载得到保护。

3）串联、主从跟踪工作：当电源置于本状态时，通过内部电路转换，从路输出电压始终与主路输出电压等值，从而实现了从路输出电压完全跟踪主路输出电压的目的。

2. 技术指标

直流稳压电源的技术指标可以分为两大类：一类是特性指标，反映直流稳压电源的固有特性，如输入电压、输出电压、输出电流、输出电压调节范围等；另一类是质量指标，反映直流稳压电源的优劣，包括稳定度、等效内阻（输出电阻）、纹波电压及温度系数等。

（1）特性指标。

1）输出电压范围。在符合直流稳压电源工作条件的情况下，能够正常工作的输出电压范围。该指标的上限是由最大输入电压和最小输入—输出电压差所规定，而其下限由直流稳压电源内部的基准电压值决定。

2）最大输入—输出电压差。该指标表征在保证直流稳压电源正常工作条件下，所允许的最大输入—输出之间的电压差值，其值主要取决于直流稳压电源内部调整晶体管的耐压指标。

3）最小输入—输出电压差。该指标表征在保证直流稳压电源正常工作条件下，所需的最小输入—输出之间的电压差值。

4）输出负载电流范围。输出负载电流范围又称为输出电流范围，在这一电流范围内，直流稳压电源应能保证符合指标规范所给出的指标。

（2）质量指标。

1）电压调整率。电压调整率是表征直流稳压电源稳压性能的优劣的重要指标，又称为稳压系数或稳定系数，它表征当输入电压变化时直流稳压电源输出电压稳定的程度，通常以单位输出电压下的输入和输出电压的相对变化的百分比表示。

2）电流调整率。电流调整率是反映直流稳压电源负载能力的一项主要指标，又称为电流稳定系数。它表征当输入电压不变时，直流稳压电源对由于负载电流（输出电流）变化而引起的输出电压的波动的抑制能力。在规定的负载电流变化的条件下，通常以单位输出电压下的输出电压变化值的百分比来表示直流稳压电源的电流调整率。

3）纹波抑制比。纹波抑制比反映了直流稳压电源对输入端引入的市电电压的抑制能力，当直流稳压电源输入和输出条件保持不变时，纹波抑制比常以输入纹波电压峰—峰值与输出纹波电压峰—峰值之比表示，一般用分贝数表示，但有时也用百分数表示，或直接用两者的比值表示。

4）温度稳定性。集成直流稳压电源的温度稳定性是指在所规定的直流稳压电源工作温度 T_j 最大变化范围内（$T_{min} \leqslant T_j \leqslant T_{max}$），直流稳压电源输出电压相对变化的百分比值。

3. HH1732C2 型直流稳压电源的使用方法

(1) 面板功能。HH1732C2 直流稳压电源由西安某电子设备厂生产,其外形图如图 4 - 17 所示。

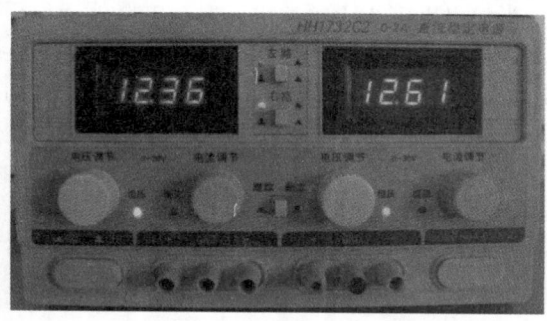

图 4 - 17　HH1732C2 型直流稳压电源外形图

1) 电源开关:按下为电源接通,弹出为电源断开。

2) 电压调节:顺时针旋转输出电压值增大。

3) 电流调节:预置输出电流,顺时针旋转预置电流值增大。

4) 指示值转换开关:开关弹出显示屏显示输出电压值,开关按下显示屏显示输出电流值。

5) 跟踪/独立方式:按键弹出时为独立状态,两路输出各自独立,互不干扰;按键按下时为串联跟踪状态(此时左"-"连接右"+")。

(2) 输出工作方式。

1) 独立工作方式:跟踪/独立按键置独立状态,此时两路电源相互独立使用,输出电压可分别设置。

2) 串联工作方式:将主电路负端与从电路正端相连,跟踪/独立按键置独立状态。本状态时,两路输出电压均可独立调节,输出电压值为两路输出值之和。

3) 串联跟踪方式:将主电路负端与从电路正端相连,跟踪/独立按键置跟踪状态。本状态下调节主路电压,从路输出电压完全跟踪主路输出电压,即可得到一组电压值相同但极性相反的电压。

4) 并联工作方式:预先分别调节两路输出电压为同一数值,主路正端与从路正端,主路负端与从路负端分别相连,跟踪/独立接键置独立状态,可得到一组输出电流为两路电流之和的输出。

直流稳压电源使用时应注意避免将其输出端短路,以防损坏稳压电源,使用完毕应将电源插头拔下。

二、函数信号发生器

1. 概述

函数信号发生器是电类实验中常用的仪器之一,它的作用是产生正弦波、三角波、方波等标准函数信号,电工学实验中一般使用模拟式函数信号发生器,其输出量为模拟量。

函数信号发生器的简化原理框图如图 4 - 18 所示,其主要电路为三角波发生器、方波变换电路和正弦波形成电路等。其中,方波变换电路通常是三角波发生器的组成部分,而正弦波是由三角波转换而来的,各种信号经过选通、放大后经衰减器输出。直流偏置电路可为放大器提供一个直流补偿调整环节,可以调节信号发生器输出的直流成分。另外,函数信号发生器一般都有频率计数和显示电路。

2. SG1651 函数信号发生器

SG1651 函数信号发生器由江苏某电子设备公司生产,该设备可直接产生正弦波、三角波、方波、斜波、脉冲波等,且具有 VCF 输入控制功能。TTL/CMOS 与 50Ω 输出做同步输出,波形对称可调并具有反射输出,直流电平连续调节,频率计可作内部频率显示,也可外测信号频率。其外形图如图 4 - 19 所示。

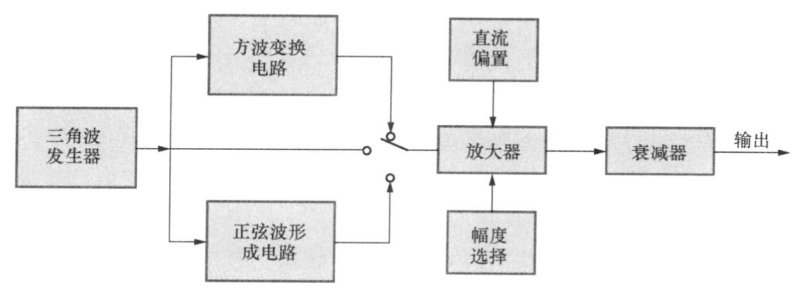

图 4 - 18　函数信号发生器的简化原理框图

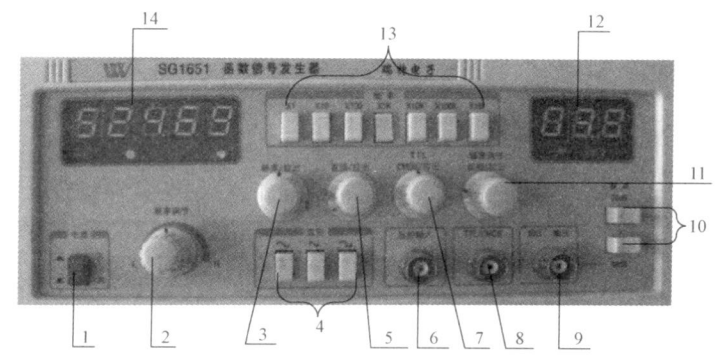

图 4 - 19　SG1651 函数信号发生器外形图

1—电源开关；2—频率调节旋钮；3—斜波、脉冲波调节旋钮；4—波形选择按键；

5—直流偏置调节旋钮；6—VCF 入端口；7—TTL/CMOS 调节旋钮；8—TTL/CMOS 输出端口；

9—信号输出端口；10—衰减开关；11—斜波倒置开关/幅值调节旋钮；12—电压 LED；

13—频率调节按键；14—频率 LED

SG1651 函数信号发生器面板各部件功能如下：

（1）电源开关：按下开关，电源接通，电源指示灯亮。

（2）频率调节：与（13）配合选择工作频率。

（3）斜波、脉冲波调节旋钮：拉出此旋钮可改变输出波形的对称性，产生斜波、脉冲波且占空比可调，将此旋钮推进则为对称波形。

（4）波形选择开关：可对输入波形进行选择，也可与（3）及（14）中的"闸门"配合，得到正、负锯齿波和脉冲波。

（5）直流偏置调节旋钮：拉出此旋钮可设定任何波形的直流工作点，顺时针方向为正，逆时针方向为负，将此旋钮推进则直流电位为零。

（6）VCF 输入端口：外接电压控制频率输入端。

（7）TTL、CMOS 调节：拉出此旋钮可得 CMOS 脉冲且其幅度可调，将此推进为 TTL 脉冲波。

（8）TTL/CMOS 输出端口：输出波形为 TTL/COMS 脉冲可做同步信号。

（9）信号输出端口：输出波形由此输出，阻抗为 50Ω。

（10）输出衰减：接下相应按键，输出信号幅值可产生 20dB 或 40dB 衰减。

（11）斜波倒置开关/幅度调节旋钮：调节输出电压大小；也可与（3）配合使用，拉出时波形反向。

（12）电压 LED：当电压输出端负载为 50Ω 时，输出电压峰—峰值为显示值的 0.5 倍，若负载（R_L）变化时，则输出电压峰—峰值 $U_{P-P}=(50+R_L)\times$显示值。

（13）频率选择开关：频率选择开关与（2）配合选择工作频率。按下不同的频率按键，调节频率调节旋钮，则可以得到不同的频率范围。

（14）频率 LED：所有内部产生频率或外测频率均由 5 位 LED 显示。此显示屏还有如下指示：

频率单位：有 Hz 和 kHz 两个指示灯，分别指示输出信号的频率，灯亮有效。

闸门显示：此灯闪烁，说明频率计正在工作。

频率溢出显示：当频率超过 5 个 LED 所显示范围时灯亮。

另外，在仪器的背面还有外测输入衰减开关及外测输入端口等，在进行外测时可进行选择使用。

同直流稳压电源一样，函数信号发生器在使用过程中也要注意不要将其输出端短路，以免损坏设备，使用完毕后应将电源开关关掉，电源插头拔下。

第 3 节　SBL 电工技术实验台

一、概述

SBL 电工实验台由上海某公司制造。产品采用功能模块设计，分强电和弱电两大部分。其中，强电部分由二十块模板组成，包括：三相电源板一块、三相熔断器板一块、单相熔断器板一块、三相电能表板一块、单相电能表板一块、交流接触器板三块、时间继电器板一块、按钮板一块、热过载继电器板一块、星/角起动模拟板一块、行程形状板一块、三相负载板一块、测电流插孔板一块、能耗制动板一块、单相开关板一块、镇流器板一块、交流电压/电流表板一块。弱电部分有：单相电源、5/15V 集成电路稳压电源、双路直流稳压电源、函数信号发生器、低压三相变压器等组成。另外，每个实验台还配有三相异步电动机一台、三相功率表一只及若干弱电实验元器件等。弱电器件全部采用透明塑料外壳封装，可以清楚地看到元器件的外观构造，避免了以往电工实验台只见元器件的电路符号、不见实际器件的弊端。强电器件全部采用工业生产中的实际器件，便于实验者同实际生产相联系。接触器、时间继电器、热过载继电器均安装于透明塑料罩内，便于观察及认识。此实验台可做《电路》、《电工学》以及电机控制课程中的大部分实验，也可对一些设计性实验进行验证。

二、主要功能模块简介

SBL 电工实验台如图 4-20 所示，下面简要介绍一下部分模块的功能：

1. **集成电路稳压电源模块**

此模块可提供一路 5V 和两路 15V 的集成电路用电源，使用时需外接 220V 交流电源，无需调节输出电压的大小，但需注意不要将输出端短路。模块如图 4-21 所示。

2. **低压交流三相电源模块**

图 4-22 是低压三相电源模块的外观图。此低压三相电源经低压三相变压器将 380V 的三相电压变为 6、12、18、24V 四种低压三相四线制交流电。每一列为一组，低压三相交流电源在使用时应注意变压器的一次侧、二次侧不要接反，输出端不要短路，虽然设备内部有保护装置，但如果短路电流超过允许值也会造成设备的损坏。

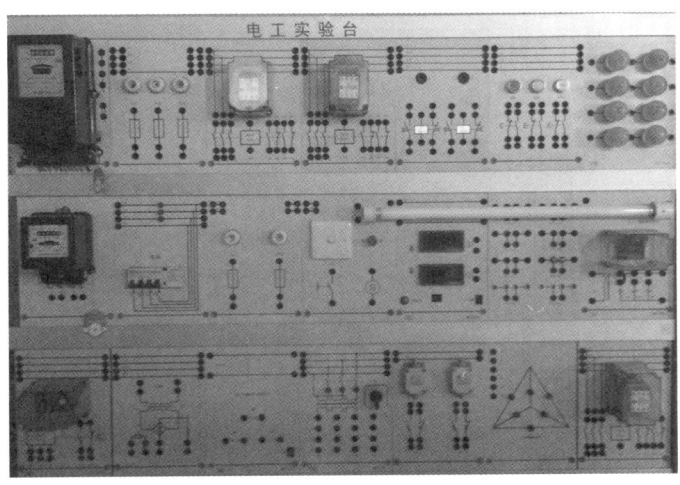

图 4-20　SBL 电工实验台

3. 交流数字电压表/电流表模块

　　数字电压表/电流表模块如图 4-23 所示，此模块可测量交流电压和交流电流，但测量之前需外接 220V 工作电源。电流表的最大量程为 2A，超过量程会蜂鸣报警，严重的会烧坏仪表，因此使用时应仔细检查仪表的接线是否正确。

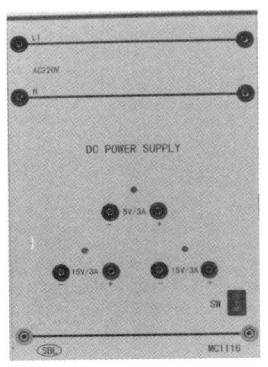 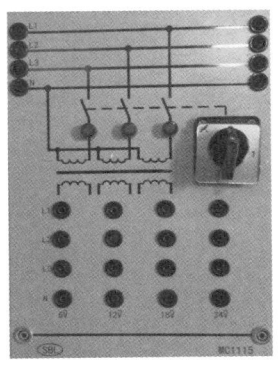 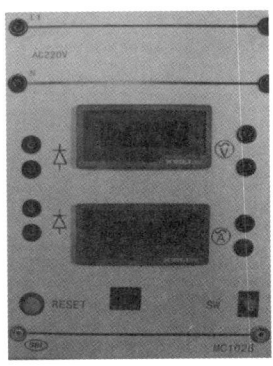

图 4-21　集成电路稳压电源模块　　图 4-22　低压三相电源模块　　图 4-23　数字电压表/电流表模块

实验 篇

- 电路基础实验
- 动态电路分析实验
- 交流电路分析实验
- 三相交流电路及耦合电感电路实验
- 二端口网络分析实验
- 电动机控制实验

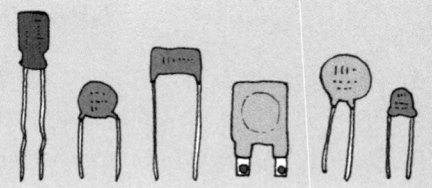

第 5 章 电路基础实验

电路基础实验包括电路元件特性测量、电路基本定律定理的验证与应用及电阻电路的分析实验。通过该部分实验能够帮助学生进一步理解电路的基本定律定理，更好地掌握电路分析的基本方法。

实验 1　元件伏安特性的测量

 **实验基础及实验准备**

1．实验研究的目的

1）学习基本电工仪器仪表（数字式万用表、直流稳压电源）的使用方法。

2）熟悉 SBL 电工实验台面板、设备仪器、实验用插件板的使用。

3）学习测量线性、非线性电阻元件伏安特性的方法，学会识别常用电路元件。

4）学习测量电源外特性的方法。

5）加深对电路元件电压、电流约束关系的认识。

2．实验原理

任何一个二端元件的特性可用该元件上的端电压 u 与通过该元件的电流 i 之间的函数关系 $i=f(u)$ 来表示，即用 i-u 平面上的一条曲线来表征，这条曲线称为该元件的伏安特性曲线，如图 5-1 所示。

1）线性电阻器的伏安特性曲线是一条通过坐标原点的直线，如图 5-1（a）所示，该直线的斜率等于该电阻器的电阻值，即线性电阻的伏安特性满足欧姆定律 $R=\dfrac{U}{I}$。

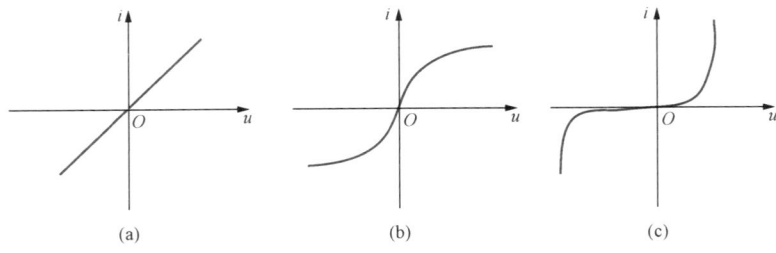

图 5-1　元件的伏安特性曲线

（a）线性电阻的伏安特性曲线；（b）非线性电阻的伏安特性曲线；

（c）普通二极管的伏安特性曲线

2）一般的白炽灯在工作时灯丝处于高温状态，其灯丝电阻随着温度的升高而增大。通过白炽灯的电流越大，其温度越高，阻值也越大。一般灯泡的"冷电阻"与"热电阻"的阻值可相差几倍至十几倍，其伏安特性如图 5-1（b）曲线所示。

3）一般的半导体二极管是一个非线性电阻元件，其特性如图 5-1（c）曲线。正向压降很

实验 1

小（一般的锗管为 0.2～0.3V，硅管为 0.5～0.7V），正向电流随正向压降的升高而急剧上升，而反向电压从零一直增加到十多至几十伏时，其反向电流增加很小，粗略地可视为零。可见，二极管具有单向导电性，但反向电压加得过高，超过管子的极限值，则会导致管子击穿损坏。

4）理想电压源输出固定幅值的电压，输出电流的大小由外电路决定；理想电流源输出固定幅值的电流，输出电压的大小由外电路决定，但是两者实际的外特性不同于理想时。

3. 实验设备

1）直流稳压电源   一台

2）数字万用表   一只

3）电阻   51Ω 两只   200Ω 一只   1kΩ 一只

4）电位器   220Ω 一只

5）白炽灯   24V/1.5W 两只

6）二极管   一只

7）连接导线与桥形跨接线   若干

8）实验用插件板   一块

4. 实验预习内容

1）学习教材中有关万用表、直流稳压电源等的使用方法。

2）复习《电路》或《电工技术》课本中关于电阻元件伏安特性关系、电压（流）源输出电压与输出电流伏安特性关系等内容。

3）对各表中的理论值进行分析与计算。

4）对照实验数据，绘制出实验电路的接线图。

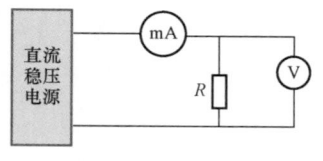 实验内容

1. 线性电阻的伏安特性

1）选取阻值为 200Ω 的电阻，按图 5-2 接线。

2）调节稳压电源输出电压，分别使电阻元件两端电压为表 5-1 数据，测量不同电压情况下的电流大小，并计算比值 $u:i$，将结果填入表 5-1 中。测量时应注意量程的正确选择和电压、电流量程的转换。

3）绘制 u、i 关系曲线图。根据测得的数据在坐标纸上绘出 200Ω 电阻的伏安特性。

图 5-2 线性电阻伏安特性实验接线

表 5-1   **线性电阻的伏安特性实验数据**

u（V）	10	12	14	16	18	20
i（mA）						
$u:i$						

2. 非线性电阻的伏安特性

测定非线性白炽灯泡的伏安特性。

将图 5-2 中的电阻 R 换成两只 24V/1.5W 并联的白炽灯泡，重复 1 的步骤，根据表 5-2 所给的数据调节电源电压，将测量数据填入表 5-2 中。根据数据绘制 u、i 关系曲线图。

表 5 - 2　　　　　　　　　　　　非线性电阻的伏安特性实验数据

u（V）	10	12	14	16	18	20
i（mA）						
u∶i						

3. 测定半导体二极管的伏安特性

按图 5 - 3 接线，R 为限流电阻器。

1）二极管的正向特性：测量不同电压情况下的电流大小，其正向电流不得超过 25mA，二极管 VD 正向压降可在 0～0.75V 之间取值。特别是在 0.5～0.75V 之间更应该多取几个测量点，将测量结果填入表 5 - 3 中。

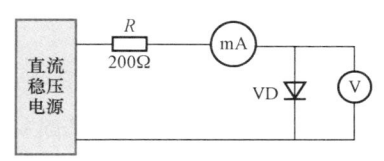

图 5 - 3　半导体二极管伏安特性实验接线

表 5 - 3　　　　　　　　　　　　正 向 特 性 实 验 数 据

u（V）	0	0.2	0.4	0.45	0.5	0.55	0.6	0.65	0.7	0.75
i（mA）										

2）二极管的反向特性：将图 5 - 3 中的二极管 VD 反接，测量不同电压情况下的电流大小，其反向电压可加到 30V，将测量结果填入表 5 - 4 中。

表 5 - 4　　　　　　　　　　　　反 向 特 性 实 验 数 据

u（V）	0	−5	−10	−15	−20	−25	−30
i（mA）							

4. 测定电源的伏安特性

1）测量理想电压源的伏安特性。被测对象为直流稳压电源，其内阻 R_s>30MΩ，在与外电路电阻相比可忽略不计的情况下，被模拟一个理想电压源。

按图 5 - 4 接线，使直流稳压电源 E＝10V，按表 5 - 5 所给的数值改变负载电阻的大小，测得每一电阻下的电流、电源电压的数值填入表内，即得该直流电源的伏安特性曲线，在坐标纸上作出伏安特性曲线。

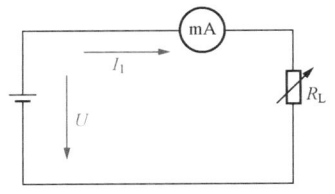

图 5 - 4　理想电压源的伏安特性实验接线

表 5 - 5　　　　理想电压源伏安特性实验数据

R_L（Ω）	25	30	40	50	60	70
I（mA）						
U（V）						

2）测量实际电压源的伏安特性。将直流稳压电源 E＝10V 与 r_o＝51Ω 电阻相串联构成实际电压源，测试其伏安关系。

按图 5 - 5 接线，使直流稳压电源 E＝10V，用 220Ω 电位器作为负载，按表 5 - 6 所给的数值改变负载电阻的大小，测得每一电阻下的电流；电源电压的数值填入表内，即得该直流电源的伏安特性曲线，做出伏安特性曲线。

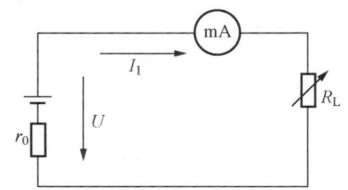

图 5-5　实际电压源的伏安特性实验接线

表 5-6　实际电压源伏安特性实验数据

R_L（Ω）	25	30	40	50	60	70
I（mA）						
U（V）						

3）测量理想电流源的伏安特性曲线。如图 5-6 所示，将直流稳压电源与电阻 $r_0=1\text{k}\Omega$ 串接作为理想电流源，调整稳压电源输出为 $E=24\text{V}$，则电流源输出为 $I=24\text{mA}$。

按图 5-6 接线，根据表 5-7 所给定的数值改变负载电阻的大小，测出每一负载电阻下的电流源电压填入表内，即得理想电流源的伏安特性，做出伏安特性曲线。

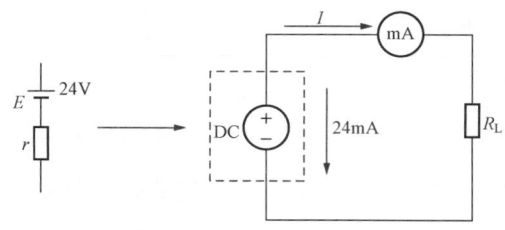

图 5-6　理想电流源的伏安特性实验接线

表 5-7　理想电流源的伏安特性实验数据

R_L（Ω）	10	20	30	40	50	60
I（mA）						
U（V）						

4）测量实际电流源的伏安特性。将上述理想电流源并联电阻（$r_0=51\Omega$）构成实际电流源，测试其伏安关系。

按图 5-7 接线，重做上一步骤，测得的数据填入表 5-8 中，即得该电流源的伏安特性，做出伏安特性曲线。

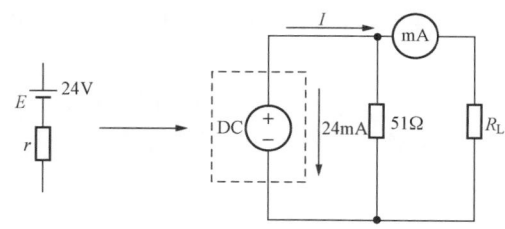

图 5-7　电流源伏安特性实验接线

表 5-8　电流源伏安特性实验数数据

R_L（Ω）	10	20	30	40	50	60
I（mA）						
U（V）						

实验注意问题及实验报告要求

1. 实验注意事项

1）测二极管正向特性时，稳压电源输出电压应由小到大逐渐增加，应时刻注意电流表读数不得超过 25mA，稳压源输出端切勿碰线短路。

2）进行不同实验时，应先估算电压和电流值，合理选择仪表的量程勿使仪表超量程，表的极性也不可接错。

切记：断电连接电路！

2．思考题

1）图 5 - 2 中用万用表测量所使用电阻的电阻值 R，并与 U、I 测量值进行对比，分析误差的原因。

2）线性电阻与非线性电阻的区别是什么？比较几种电阻元件的伏安特性曲线有何区别？从伏安特性曲线看，欧姆定律对哪些元件成立，哪些元件不成立？

3）设某器件伏安特性曲线的函数式为 $i = f(u)$，试问在逐点绘制曲线时，其坐标变量应如何放置？

4）比较理想电源和实际电源伏安特性曲线，从中得出什么结论？稳压电源串联电阻构成的电压源，它的输出电压与输出电流之间有什么关系？能否导出伏安特性方程式。用电压源串接电阻构成的理想电流源中，要使输出电流恒定，则 r 越____越好，为什么？

3．实验报告内容

1）根据各实验结果数据，分别在坐标纸上绘制出光滑的伏安特性曲线。根据实验结果，总结、归纳被测各元件的特性。

2）总结一下直流稳压电源和万用表的使用方法。

3）回答思考题，必要的误差分析、心得体会及其他。

扩展阅读 -

在这个实验里，用到了电阻器、电位器和二极管这几种常用的电子元件，下面介绍一下关于它们的一些相关知识。

一、电阻器和电位器相关知识

（一）电阻器的分类

导体对电流的阻碍作用叫电阻（Resistance），其单位是欧姆（Ω）。电阻器（Resistor）是指对电流流动具有一定阻力的器件。在电路分析及实际工作中，通常将电阻器简称为电阻。

普通电阻器指的是适应一般技术要求的线性电阻器，其特性遵循欧姆定律。根据制作材料的不同，普通电阻器可分为碳膜电阻器、实芯碳质电阻器、金属膜电阻器及绕线电阻器等。

特殊电阻器包括熔断电阻器、网络电阻器、温敏电阻器、压敏电阻器、光敏电阻器、磁敏电阻器、湿敏电阻器等。

电位器是一种连续可调的电阻器，对外有三个引出端，一个是滑动端，另外两个是固定端。滑动端可以在两个固定端之间滑动，使其与固定端之间的电阻值发生变化。电路中，电位器常用来调节电阻值或电位。

还有一种带开关电位器，将开关与电位器结合为一体，通常应用在需要对电源进行开关控制及音量调节的电路中，主要应用在电视机、收音机、随身听等电子产品中。

（二）电阻器的标识方法

电阻的阻值标识方法主要有以下四种。

1. 直标法

直标法是将电阻的标称值用数字和文字符号的形式直接标在电阻体上，其允许误差则用百分数表示，未标偏差值的即为±20％的允许误差。

2. 文字符号法

文字符号法是将电阻的标称值和允许误差用数字和文字符号法按一定的规律组合标示在电阻体上。为了防止小数点在印刷不清时引起误解，故阻值采用这种标示方法的电阻体上通常没有小数点，而是将小于1的数值放在英文字母后面。例如，6R2J表示该电阻标称值为6.2Ω，允许误差为±5％；3k6表示电阻值为3.6kΩ，允许误差为±10％。

3. 色标法

色标法是指用特定的色环来标注电阻值及误差的一种方法。普通电阻器用四色环标注，精密电阻器用五色环标注。由于金色、银色在有效数字中并无实际意义，只表示误差值，因此只要边缘的色环为金色或银色，则该色环必为最后一道色环。

4. 数码表示法

在产品或电路图上用三位数字来表示元器件标称值的方法被称为数码标示法。该方法常见于贴片电阻或进口器件上。

在三位数字中，从左至右的第一位和第二位为有效数字，第三位表示有效数字后面所加的"0"的个数，其单位为Ω。如果阻值中有小数点，则用"R"表示，并占一位有效数字。例如，标示为"680"的电阻阻值为68Ω；标示为104的电阻阻值为10kΩ。标示为"0"或"000"的电阻器的电阻值为0Ω，这种电阻器实际上就是短路线（也称跳线），用色标法标识的短路线在其电阻体上是一条黑环线。

（三）电阻器的技术指标

1. 封装形式

电阻器的封装形式就是指电阻器的外部形状及体积大小。按照封装形式，电阻器可以分为插针式和贴片式（SMD）两种。

插针式电阻器是指在电路板上，元器件的焊盘位置必须钻孔（从顶层通到底层），让元器件引脚穿透PCB板，然后才能在焊盘上对该元件的引脚进行焊接。

贴片电阻器就是电阻器的焊盘不需要钻孔，而直接在焊盘表面进行焊接的电阻器。目前很多电子产品都采用了表面安装电阻器，以缩小PCB的体积，提高电路的稳定性。

2. 标称阻值和允许误差

在电阻器上标注的电阻数值称为其标称阻值，如20.8k，3.32k，单位是Ω。为了规范生产和便于设计，生产厂家并不是任意一种阻值的电阻器都生产，而是按照不同的标准生产。电阻器的阻值按其精度主要分为四大系列，分别为E-6、E-12、E-24和E-96系列，其中E-24和E-96系列电阻器是最常用的系列电阻器。在这四种系列之外的电阻器被称为非标称电阻器。

电阻器的允许误差是指实际阻值与厂家标注阻值之间的误差（误差值被称为精度），实际阻值在误差范围之内的电阻器均为合格电阻器。例如，一个标称阻值为10Ω、允许误差为±5％的电阻器的实际阻值只要在9.5～10.5Ω之间，即为合格产品。E-6系列电阻器的误差范围为±25％，E-12系列电阻器的误差范围为±20％，E-24系列电阻器的误差范围为±5％，E-96系列电阻器的误差范围为±1％。

3. 额定功率

额定功率指电阻器正常工作时长期连续工作并能满足规定的性能要求时允许的最大功率。超过这个值，电阻器将因过分发热而烧坏。电阻器的额定功率采用标准化的额定功率系列值，常用的电阻器功率通常为 1/4W 或者 1/8W。不同额定功率的电阻器，其体积有明显的差别。

4. 最高工作电压

最高工作电压是指电阻器长期工作不发生过热或电击穿损坏时的工作电压。如果电压超过该规定值，则电阻器内部将产生火花，引起噪声，导致电路性能变差，甚至损坏该电阻器。

5. 高频特性

电阻器在高频条件下工作时，电阻器将会由直流电路中的电阻器变成一个直流电阻与分布电感串联，然后再与分布电容并联的等效电路。这时要考虑电阻器的固有电感和固有电容对电路的影响。

二、二极管的基础知识

（一）二极管的分类

二极管是最常用的半导体器件之一，种类繁多，新产品的开发速度很快，按材料分，有锗二极管、硅二极管和砷化镓二极管，按制作工艺分有面接触型、点接触型，按用途分整流二极管、检波二极管、双基极二极管、快速恢复二极管、稳压二极管、光敏二极管、全桥组件、红外发射二极管、红外接收二极管等许多种分类。

（二）二极管的工作特性及主要参数

二极管最重要的特性是其单向导电性。在电路中，电流只能从二极管的阳极 A 流入，阴极 K 流出。二极管的工作特性分正向特性与反向特性两种情况。

正向特性：将二极管的阳极 A 接高电位，阴极 K 接低电位，这种连接方式称为正向偏置，此时如果正向偏置电压大小合适，二极管就会导通。这个合适的、能让二极管导通的电压称为"门槛电压"。锗管的门槛电压约为 0.2V，硅管的门槛电压约为 0.6V。当加在二极管两端的正向电压大于门槛电压后，二极管才能真正导通。导通后，二极管两端的电压基本上保持不变（锗管 0.3V、硅管约为 0.7V），这个电压称为二极管的正向压降。

反向特性：如果将二极管的阳极 A 接低电位，阴极 K 接高电位，这种连接方式称为反向偏置。此时二极管中会有极微弱的电流流过，这种电流称为漏电流。当二极管两端的反向电压增大到某一数值时，反向电流会急剧增大，二极管将失去单向导电特性，这种状态称为"二极管击穿"，此时的反向电压称为反向击穿电压 U_{BR}。

二极管的种类繁多，因此各项参数也较多，为描述二极管的性能，常引用以下几项主要参数。

（1）额定正向工作电流 I_F：二极管在正常条件下连续长期工作时允许通过的最大正向电流值，也叫最大整流电流，其值与 PN 结面积及外部散热条件等有关。在规定散热条件下，二极管正向平均电流若超过此值，则将因结温升过高而烧坏。

（2）最高反向工作电压 U_R：二极管在正常条件下工作时所能承受的最大反向电压值，越过此值时，二极管有可能因反向击穿而损坏。该值略小于反向击穿电压值 U_{BR}。

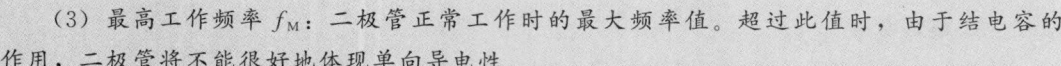

（3）最高工作频率 f_M：二极管正常工作时的最大频率值。超过此值时，由于结电容的作用，二极管将不能很好地体现单向导电性。

（4）反向电流值 I_R：二极管在规定反向电压、环境温度下反向漏电流的值，该值越小说明二极管的单向导电性越好。

（5）正向电压降 U_F：二极管在正常条件下导通时两端产生的正向电压降，该值越小越好。

（6）反向击穿电压 U_{BR}：在二极管上加反向电压时，反向电流会很小。但当反向电压增大至某一数值时，反向电流将突然增大，这种现象被称为击穿。二极管被击穿时，反向电流会剧增，二极管的单向导电性被破坏，此时二极管失去单向导电性，甚至可能因过热而损坏。产生击穿时的电压被称为反向击穿电压 U_{BR}。不同型号的二极管的反向击穿电压是不同的。

需要指出的是，由于制造工艺所限，半导体器件参数具有分散性，同一型号管子的参数值会有相当大的差距，因而，手册上往往给出的是参数的上限值、下限值或范围。此外，使用时应特别注意手册上每个参数的测试条件，当使用条件与测试条件不同时，参数也会发生变化。

（三）常用二极管简介

1. 普通二极管

普通二极管（包括检波二极管、整流二极管、阻尼二极管、开关二极管、续流二极管）是由一个 PN 结构成的半导体器件，具有单向导电特性。通过用万用表检测其正、反向电阻值，可以判别出二极管的电极，还可估测出二极管是否损坏。普通晶体二极管功率较小，检测时不需详细区分其功能与型号。一般情况下，普通二极管用在检波、整流、隔离、保护和限幅等场合，此时不给二极管加正向偏置电压。普通二极管由于掺入的材料不同而分为硅管和锗管两种。

2. 整流二极管

硅整流二极管是由硅半导体材料制成的，由于采用面接触型二极管结构，所以其特点是工作频率低、允许的工作温度高，允许通过的正向电流大，反向击穿电压高。整流二极管在电路中的主要作用是将交流电变成直流电，以适应各种电子设备及线路。

整流二极管的主要特性和检波二极管一样，就是具有单向导电性。其特性曲线与检波二极管的相似，只不过曲线变化较陡，其起始导通电压比检波二极管大，约为 0.5V。

3. 单相全桥整流组件

全桥整流组件的种类较多。除了普通型外，还有中高速全桥整流组件、低功耗全桥整流组件。此外，还有高压全桥整流组件，其最高工作电压可达 40kV。按照结构不同，全桥整流组件又可分为单相全桥整流组件与三相全桥整流组件。

单相全桥整流组件是一种把四只整流二极管按全波桥式整流电路的连接方式封装在一起的整流器件。在使用单相全桥整流组件时，除了要选用适当的额定正向整流电流 I_o 和反向峰值电压 U_{RM} 参数外，还应注意分清其输入、输出端引脚，两者不能搞错。现介绍其引脚排列的规律。

（1）长方体全桥整流组件。这种全桥整流组件的输入、输出端直接标注在壳体上，"～"为交流输入端，"＋"、"－"为直流输出端。

（2）圆形全桥整流组件。它的壳体上若只标"＋"，其对面则是"－"输出端，余下的两个引脚便是交流输入端。

（3）大功率方形全桥整流组件。此类产品一般不印型号和极性，可在壳体侧面边上寻找正极输出端标记，正极输出端的对角线上的引脚是负极输出端，余下的两个引脚则是交流输入端。

（4）扁形全桥整流组件。这种封装形式的全桥整流组件，除直接标出正、负输出端与交流接线符号外，通常以靠近缺角端的引脚为正（但也有部分国产组件为负）输出端，中间为交流输入端。

（5）缺角全桥整流组件。缺角处引脚为正极输出端。

值得注意的是，全桥整流组件上所标注的"＋"、"－"号，是指直流电压的正负极输出端，而不是指其内部整流二极管的正、负极性，这一点在使用全桥整流组件时一定不要搞错。

4. 稳压二极管

稳压二极管又称齐纳二极管（Zener Diode），其伏安特性曲线如图 5-8 所示。由图可见，稳压二极管的正向特性与普通二极管没有差别，但反向特性则有所差别。反向电压从 0 到 U_A 这一段，其反向电流接近于 0，特性曲线近似是一条平行于横轴的直线。当反向电压升高到 U_A 时，管子开始击穿。若反向电压继续增大（即或是微小的增加），则反向电流会急剧增加（其方向是：$A \rightarrow B \rightarrow C$）。在特性曲线的 BC 段，虽然流过稳压二极管的电流变化很大，但对应的电压基本维持不变。稳压二极管就是利用反向击穿区的这一特性进行稳压的。只要将击穿电流限定在某个范围内，稳压二极管虽然被击穿，但并不损坏。

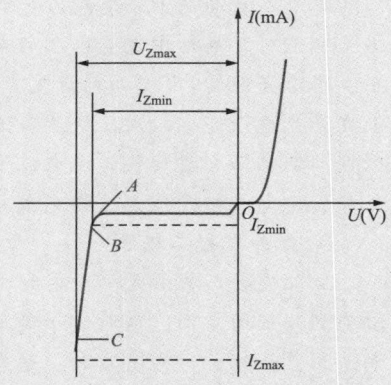

图 5-8　稳压二极管伏安特性

由于硅管的热稳定性好，所以一般稳压二极管都是用硅材料制成的。

在稳压管电路中必须串联一个限流电阻来保证稳压管的正常工作。只有在限流电阻取值合适时，稳压管才能安全地工作在稳压状态。

正常使用时，稳压二极管是反向串联在电路中的，这一点与普通二极管不同。

5. 双向触发二极管

双向触发二极管简称 DIAC，在工作时，这种管子只有导通与截止两种状态，外加电压可正可负。管子一旦导通后，只有当其两端外加电压减小为零时，才能由导通状态转为截止状态。

双向触发二极管属于三层二端半导体器件，其正、反向伏安特性具有对称性。双向触发二极管的正、负转折电压之差越小，表明其对称性能越好。

双向触发二极管的用途很广，除了可用来触发双向晶闸管之外，还能构成定时器、移相电路、调光、调速及过压保护电路等。

6. 发光二极管

发光二极管(Light-Emitting Diode)是一种电致发光的半导体器件，简称 LED，它与普通二极管的相似点是也具有单向导电性。将发光二极管正向接入电路时才导通发光，而反向接入时则截止不亮。发光二极管与普通二极管的根本区别是前者能将电能转化成光能，且管压降比普通二极管要大。按发光亮度来分，发光二极管可分为普亮管、高亮管和超高亮管三类；按发光颜色来分，则可分为红色、绿色、黄色、橙色、蓝色等。

单色发光二极管的发光颜色与光的波长有直接关系，而光的波长又取决于制造发光二极管所用的半导体材料。例如用磷化镓材料制造的发光二极管，掺锌和氧做成的 PN 结发红光，掺锌和氮做成的 PN 结则发绿光。

7. 光电二极管

光电二极管也称光敏二极管，是一种常用的光敏元件。与普通晶体二极管相似，光电二极管也是具有一个 PN 结的半导体器件，但二者在结构上有着显著不同。前者的 PN 结是被严密封装在管壳内部的，光线的照射对其特性不产生任何影响。而光敏二极管的管壳上则设置一个透光的窗口，光线能透过此窗口照射到 PN 结上，以改变其工作状态。

光电二极管的 PN 结也具有单向导电性，因此，光电二极管工作时应加上反向电压。当无光照时，电路中也有很小的反向饱和漏电流，称为暗电流，此时相当于光电二极管截止；当有光照时，PN 结附近受光子的轰击，半导体内被束缚的价电子吸引光子能量而被激发产生电子—空穴对。这些载流子在反向电压作用下，形成光电流，该光电流随入射光强度的变化而相应变化。光电流通过负载 R_L 时，在电阻两端将得到随入射光变化的电压信号。光电二极管就是这样完成功能转换的。

8. 红外发射二极管

红外发射二极管是一种能把电能直接转换成红外光能的发光器件。其作用是将红外光辐射到周围的空间。这种管子是用砷化镓(GaAs)材料制成的，也具有半导体 PN 结。其制造工艺和结构形式有多种。通常使用折射率较大的环氧树脂封装，目的是为了提高发光效率。

红外发射二极管的峰值波长为 950nm 左右。它是按自发辐射机理工作的，其特点是电流与光输出特性的线性较好，生产和使用都较简便，适合于在短距离的模拟调制系统中使用，被广泛应用于红外遥控系统中的发射电路。

9. 红外接收二极管

红外接收二极管亦称红外光敏二极管，是一种特殊的光电 PIN 二极管，被广泛应用于音响、彩电等家用电器的遥控接收器电路中。这种二极管在红外光线的激励下能产生一定的电流，其内阻的大小由入射的红外光来决定。红外接收二极管在不受红外光线照射时，其内阻比较大，为几兆欧以上；当受到红外光线照射时，其内阻减小到几千欧。

红外接收二极管的灵敏点是在 940nm 附近，这与红外发射二极管的最强波长正好是相对应的。而对波长更长和更短的光线的响应则是急剧下降的。这一点是靠红外接收二极管具有较小的结电容来实现的。

10. LED 数码管

LED 数码管是一种常见的数显器件。把发光二极管制成条状，再按照一定方式连接，组成数字"8"，就构成 LED 数码管。使用时按规定使某些笔段上的发光二极管发光，即可组成0~9的一系列数字。

　　LED数码管等效于多只具有发光性能的PN结。当PN结导通时，依靠少数载流子的注入及随后的复合而辐射发光，其伏安特性与普通二极管相似。

　　根据器件所含显示位数的多少，可划分成一位、双位、多位LED显示器。一位LED显示器就是通常所说的LED数码管，两位以上的一般称作显示器。双位LED数码管与多位LED数码管都是在一位LED数码管的基础上发展而来的，发光颜色分为红、绿、黄、橙等，多位LED数码管的突出特点是结构紧凑、使用安装方便，外部接线比较简单，显示功能要优于一位数码管，而且耗电少，成本低，因而被广泛地应用于新型数字仪表、数字钟等电路中作为显示器件。

实验 2　电 路 的 等 效 变 换

 **实验基础及实验准备**

　　1. 实验研究的目的

　　1）进一步熟悉和掌握万用表、直流稳压电源使用方法及 SBL 电工实验台的构造和功能。

　　2）通过实验验证并深刻理解电阻电路等效变换前后的电阻关系，电路中各部分电压、电流之间的关系。

　　3）熟悉电流源与电压源的外特性，理解电源等效变换的条件。

　　4）加深对等效变换概念的理解。

　　2. 实验原理

　　等效变换：若两个结构参数不同的电路在端子上有相同的电压、电流关系，则两电路可以互相代换，代换后，两电路的外部特性保持不变（未被代替部分的电压、电流保持不变），称两电路互为等效。

　　1）电阻的串联。

　　特征：流过同一电流。

　　等效电阻：$R_{eq}=R_1+R_2+R_3=\sum R_k$，分压公式：$U_k=\dfrac{R_k}{R_{eq}}U$

　　功率：$P_k=R_k I^2$　　$P=\sum P_k$

　　2）电阻的并联。

　　特征：承受同一个电压，分流不分压，分流电路。

　　等效电导：$G_{eq}=G_1+G_2+G_3=\sum G_k$；分流公式：$I_k=G_k U=\dfrac{G_k}{G_{eq}}I$

　　功率：$P_k=G_k U^2$　　$P=\sum P_k$

　　注：$R\leftrightarrow G$，$U\leftrightarrow I$，串联$\leftrightarrow$并联。

　　3）电阻的△—Y变换。

$$Y\text{ 形电阻}=\frac{\triangle\text{ 形相邻电阻的乘积}}{\triangle\text{ 形电阻之和}}$$

$$\triangle \text{形电阻} = \frac{\text{Y形电阻两两乘积之和}}{\text{Y形不相邻电阻}}$$

4）实际电源的等效互换，等效互换条件如图 5-9 所示。

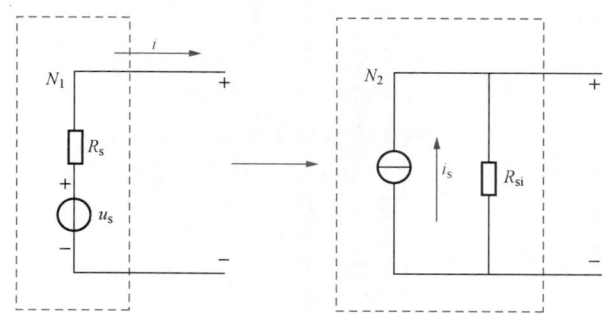

图 5-9　等效互换条件

$$\begin{cases} U = R_{si} I_s \\ R_{su} = R_{si} = R_s \end{cases}$$

N_1：　　　　$U = U_{s} - R_s i_s$

N_2：　　　　$I = I_s - \dfrac{U}{R_{si}}$

$$U = R_{si} I_s - R_{si} I$$

3. 实验设备

1）直流稳压电源　　　　　一台

2）万用表　　　　　　　　一只

3）电阻　　　　　51Ω/390Ω/1kΩ/10kΩ　　　各一只

4）电位器　　　　470Ω　　　一只

5）连接导线与桥形跨接线　　若干

6）实验用插件板　　　　　一块

4. 预习内容

1）电路等效变换的条件，电阻电路的等效变换、电源的外特性及等效互换。

2）画出各自行设计电路的接线图，写出实验方法、步骤。

3）对各表中的理论值进行分析与计算。

4）万用表的使用。

　线性电阻电路等效变换

1. 电阻的串联

按图 5-10 接线，当电源电压 $U = 20V$ 时，分别测量电流 I 及电阻 R_1（390Ω）、R_2（1kΩ）、R_3（10kΩ）两端电压 U_1、U_2、U_3，测量结果填入表 5-9 中。根据所测数据，思考一下，可得什么结论？

实验
2

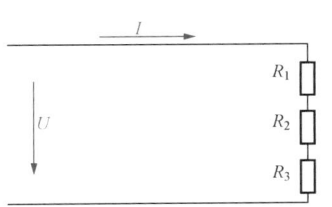

图 5 - 10　电阻的串联

表 5 - 9　　　　电阻的串联实验数据

	U	I	U/I
R_1			
R_2			
R_3			
$U_1+U_2+U_3$			
$U_1:U_2:U_3$			
$R_1:R_2:R_3$			

2. 电阻的并联

根据图 5 - 11 接线，当 $U=10\text{V}$、$U=15\text{V}$ 时，分别测量 I_1，I_2 及 I 的大小，将测量结果填入表 5 - 10 中。

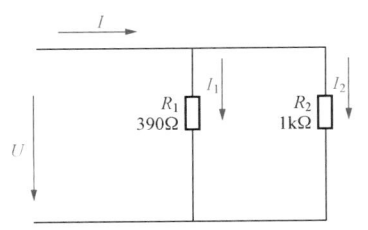

图 5 - 11　电阻的并联

表 5 - 10　　　　电阻的并联实验数据

	$U=10\text{V}$	$U=15\text{V}$
I（A）		
I_1		
I_2		
I_1+I_2		
$I_1:I_2$		

3. 电阻的串并联

按图 5 - 12 接线，当 $U=10\text{V}$ 和 $U=15\text{V}$ 时分别测量 I、I_1、I_2、U_1、U_2 填入表 5 - 11 中。

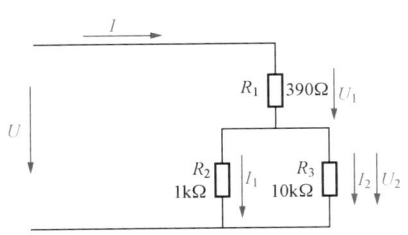

图 5 - 12　电阻的串并联

表 5 - 11　　　　电阻的串关联实验数据

	$U=10\text{V}$	$U=15\text{V}$
U_1		
U_2		
I		
I_1		
I_2		

4. 电阻的△—Y 变换

自行设计三端电路验证△—Y 变换对应的电阻关系。

要求：

1）设计不对称 Y 电路，测量端子之间的电压和流入端子的电流，改变电路电阻，测量 3～5 组电压、电流数据。

2）根据等效变换的条件，按计算结果连接等效△电路。测量对应端子之间的电压和流入对应端子的电流，通过改变电阻，测量 3～5 组电压、电流数据。

3）对测量结果进行比较、分析。

4）按上述步骤实现对称三端电路的测量。

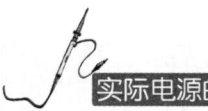

实验
3

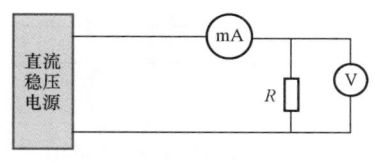实际电源的等效互换

1）将直流稳压电源 $E=10\text{V}$ 与 51Ω 电阻相串联构成实际电压源，电路如图 5-13 所示，测量负载电阻上的电压 U_{L1} 和电流 I_{L1}。改变负载电阻，获得不同数据填入表 5-12 中。

图 5-13 实际电压源电路

表 5-12　　　　实际电压源电路实验数据

R_L	U_{L1}	I_{L1}	U_{L2}	I_{L2}
50Ω				
100Ω				
150Ω				
200Ω				
250Ω				

2）根据等效变换的条件。按计算结果自行设计连接等效电流源。根据表 5-12 改变负载电阻，测量负载电阻上的电压 U_{L2} 和电流 I_{L2}，数据填入表 5-12 中。

实验注意问题及实验报告要求

1．实验注意事项

1）注意万用表及稳压电源的正确使用。不能带电测量电阻的电阻值。

2）养成断电连接电路的习惯。

2．思考题

1）在图 5-11 中若想使 $I_1=I_2$，电路应如何改动？画出电路图。

2）理想电流源与理想电压源能否等效变换？

3）电压源两端并联电流源或电阻，对外电路的电流电压是否有影响？电流源串联电压源或电阻，对外电路的电流电压是否有影响？

3．实验报告内容

1）整理实验数据。

2）分析，在电阻串联电路中，各电阻两端电压与电阻的大小关系；在电阻并联电路中，各支路电流与阻值大小关系。

3）对自行设计实验列出使用器件，写出实验内容、方法、步骤及实验结果，并对实验数据进行分析总结。

4）总结电源等效变换条件，分别画出电压源和电流源外特性。

5）计算电压源变换为电流源时的理论数值，并与实验测量的数据进行比较。分析测量误差产生的原因。

6）必要的误差分析、心得体会及其他。

实验 3　基尔霍夫定律和叠加定理

实验基础及实验准备

1．实验研究的目的

1）熟练掌握万用表和直流稳压电源的使用方法。

2）验证基尔霍夫电压定律及电流定律，加深对基尔霍夫定律的理解。

3）加深对线性电路叠加定理的理解及应用。

4）学会测量各支路电流的方法。

2. 实验原理

1）基尔霍夫定律。基尔霍夫电流定律（KCL）。在集总电路中，任何时刻，对任一结点，所有流出此结点的支路电流的代数和恒为零，此处，电流的"代数和"是根据电流是流出结点还是流入结点判断的。若流出结点的电流前面取"＋"号，则流入结点的电流前面取"－"号；电流是流出结点还是流入结点，均根据电流的参考方向判断。所以对任一结点有

$$\sum I = 0$$

基尔霍夫电压定律（KVL）。在集总电路中，任何时刻，对任一回路，沿该回路的所有支路电压的代数和为零，即沿任一回路有

$$\sum U = 0$$

上式取和时，需要任意指定一个回路的绕行方向，凡支路电压的参考方向与回路的绕行方向一致者，该电压前面取"＋"号，支路电压参考方向与回路绕行方向相反者，则取"－"号。

在任何时刻，流入二端元件的一个端子的电流一定等于从另一个端子流出的电流，且两个端子之间的电压为单值量，这样的元件叫集总元件。由集总元件构成的电路叫集总电路。把组成电路的每一个二端元件称为一条支路，把支路的连接点称为结点。由支路组成的闭合路径称为回路。

KCL、KVL 适用于任何集总参数电路，它与元件的性质无关，只与电路的拓扑结构有关。

2）叠加定理。作为线性系统（包含线性电路）最基本的性质——线性性质，它包含可加性与齐次性两方面。叠加定理就是可加性的反映，它是线性电路的一个重要定理。

叠加定理表述为：在线性网络中，几个激励电源共同作用于该网络所产生的响应，可以看成是每个激励电源单独作用时所产生的响应的叠加，即任意一个支路的响应（电压或电流），都是电路中每个独立源（外激励）单独作用在该支路所产生的响应（电压或电流）的代数和。

由于网络是线性的，所以存在响应与电源成正比例关系，称此为齐次性。线性电路应同时满足叠加性和齐次性。

3. 实验设备

1）直流稳压电源　　　　　　一台

2）万用表　　　　　　　　　一只

3）电阻　　　　　　　　　　三只　$R_1 = R_2 = 200\Omega$，$R_3 = 51\Omega$

4）开关　　　　　　　　　　两只

5）实验用插件板　　　　　　一块

6）连接导线和桥形跨接线　　若干

4. 预习内容

1）对表 5-13～表 5-15 中的各测量值进行理论分析及计算。

2）测电压、电流时，万用表应选择多大量程？

3）根据图 5-14 和电工实验插件板，绘出接线图。

实验内容

1. KVL 定律验证

1) 按实验电路图 5 - 14 所示进行接线。

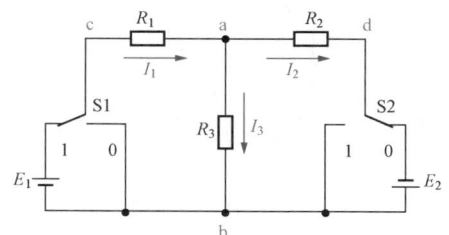

图 5 - 14　KVL 定律验证实验接线

2) 使稳压电源输出分别为 $E_1 = 9V$ 和 $E_2 = 6V$，并将 S1 接 1 位，S2 接 0 位。

3) 用万用表直流电压挡测各节点间电压，并填入表 5 - 13 中，注意万用表量程和极性。

表 5 - 13　　　　　　　　　　　　　　KVL 定律验证实验数据

电　压	U_{ab}	U_{ca}	U_{ad}	U_{cb}	U_{db}	U_{cd}
理论值						
测量值						

2. KCL 定律验证

1) 重复上述 1 中的 1)、2) 步骤。

2) 用万用表直流电流挡测量 I_1、I_2、I_3，并将测量结果填入表 5 - 14 中。

表 5 - 14　　　　　　　　　　　　　　KCL 定律验证实验数据

电流	理论值	测量值	误差	电流	理论值	测量值	误差
I_1				I_3			
I_2							

3. 叠加定理

1) 电路如图 5 - 14，转换相应开关，仅 E_1 单独作用时，测量电阻 R_1、R_2、R_3 上的电压和电流，并填入表 5 - 15 中。

2) 仅 E_2 单独作用时，测量电阻 R_1、R_2、R_3 上的电压和电流，填入表 5 - 15 中。

3) E_1、E_2 共同作用时，测量电阻 R_1、R_2、R_3 的电压和电流，填入表 5 - 15 中。

4) 保持 E_1 不变，调整电源 E_2，使其输出电压为 $2E_2 = 12V$，重复步骤 2。

表 5 - 15　　　　　　　　　　叠 加 定 理 实 验 数 据

电流	E_1 单独作用	E_2 单独作用	E_1、E_2 共同作用	$2E_2$ 作用	电压	E_1 单独作用	E_2 单独作用	E_1、E_2 共同作用	$2E_2$ 作用
I_1					U_1				
I_2					U_2				
I_3					U_2				

 **实验注意问题及实验报告要求**

1．实验注意事项

1）验证 KVL 和 KCL 时，E_1 和 E_2 两个电源同时起作用。

2）测量时注意电压与电流的参考方向与实际方向的关系。

3）正确选择万用表的量程。

4）养成断电连接电路的习惯。

2．思考题

1）各电阻器所消耗的功率能否用叠加原理计算得出？为什么？试用上述实验数据，进行计算并作结论。

2）已知某支路的电流约为 3mA 左右，现有量程分别为 5mA 和 10mA 的两只电流表，你将使用哪一只电流表测量？为什么？

3）若要测量图 5-14 中的 R_3 的准确阻值，应如何测量？

3．实验报告内容

1）根据实验数据，选定实验电路中的任一节点，验证 KCL 的正确性。

2）根据实验数据，选定实验电路中的任一闭合回路，验证 KVL 的正确性。

3）根据实验数据验证线性电路的叠加性与齐次性。

4）误差原因分析、心得体会及其他。

 **扩展阅读** -

基尔霍夫（Gustav Robert Kirchhoff，1824～1887 年，见图 5-15），德国物理学家。1824 年 3 月 12 日生于普鲁士的柯尼斯堡（今为俄罗斯加里宁格勒），1887 年 10 月 17 日卒于柏林。基尔霍夫在柯尼斯堡大学读物理，1847 年毕业后去柏林大学任教，3 年后去布雷斯劳大学作临时教授。1854 年由化学家本生推荐任海德堡大学教授。1875 年到柏林大学作理论物理教授，直到逝世。

图 5-15　基尔霍夫

1845 年，21 岁时他发表了第一篇论文，提出了稳恒电路网络中电流、电压、电阻关系的两条电路定律，即著名的基尔霍夫电流定律（KCL）和基尔霍夫电压定律（KVL），解决了电器设计中电路方面的难题。后来又研究了电路中电的流动和分布，从而阐明了电路中两点间的电势差和静电学的电势这两个物理量在量纲和单位上的一致，使基尔霍夫电路定律具有更广泛的意义。直到现在，基尔霍夫电路定律仍旧是解决复杂电路问题的重要工具。基尔霍夫被称为"电路求解大师"。

基尔霍夫在热辐射、化学、光学理论等方向都有杰出的成就。

实验 4 戴维宁定理和诺顿定理

 **实验基础及实验准备**

1. 实验研究目的

1）验证戴维宁定理、诺顿定理的正确性，加深对该定理的理解。

2）掌握戴维宁等效电路参数的实验测定方法。

3）掌握有源二端网络等效电阻的实验测定方法。

4）理解最大功率传输的含义。

2. 实验原理

1）戴维宁定理：任何一个线性有源二端网络，总可以用一个电压源与电阻串联的支路等效置换，此电压源电压等于该网络的开路电压，电阻等于该网络中所有独立源为零（保留内阻及受控源）时的等效电阻。

2）诺顿定理：任何一个线性有源二端网络，总可以用一个恒流源与内阻并联的支路等效置换，此电流源的电流等于该网络的短路电流，电导等于该网络中所有独立源为零（保留内阻及受控源）时的等效电导。

3）当负载电阻 R_L 与戴维宁等效电阻 R_{eq} 相等时，负载电阻可从含源线性二端网络获得最大功率。此时最大功率为

$$P_{max} = \frac{U_{oc}^2}{4R_{eq}}$$

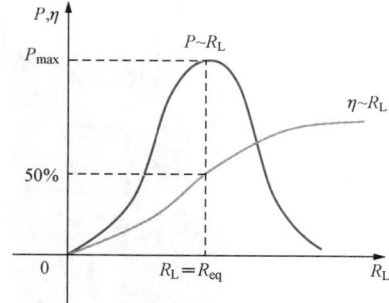

图 5-16 曲线图

而戴维宁等效电路中电源 U_{oc} 的效率

$$\eta = \frac{负载所获功率}{U_{oc}\ 所产生的功率}$$

$$= \frac{R_L I^2}{(R_{eq} + R_L) I^2} \overset{R_L = R_{eq}}{=} \frac{1}{2}$$

$$= 50\%$$

可见此时等效电源 U_{oc} 的效率只达 50%，而 U_{oc} 所产生的功率有一半白白地损耗在等效电阻 R_{eq} 上，这在电力系统中是决不允许的，故电力系统中通常取 $R_L \gg R_{eq}$。负载电阻吸收的功率和电源 U_{oc} 的效率随负载电阻变化的曲线如图 5-16 所示。

 **注意**

$R_L = R_{eq}$ 是指可调负载 R_L 可获最大功率的条件，而不是 R_{eq} 可调。

3. 实验设备

1）直流稳压电源　　　　一台

2）万用表　　　　　　　一只

3）电阻　　　　　　　三只　$R_1 = R_2 = 200\Omega$，$R_3 = 51\Omega$

4）电位器　　　　　　一只　$10\text{k}\Omega$

5）开关　　　　　　　两只

6）实验用插件板　　　一块

7）连接导线和桥形跨接线　若干

4. 预习内容

1）戴维宁定理、诺顿定理及其应用。

2）对实验中的各测量值进行理论分析及计算。

3）对自行设计实验写出实验内容、方法。

4）测电压、电流时，万用表应如何选择量程？

实验内容

1. 有源二端网络 ab 的外特性，即 $U\text{-}I$ 特性

1）按实验电路图 5-17（a）进行接线，并将开关 S 接 1 点。

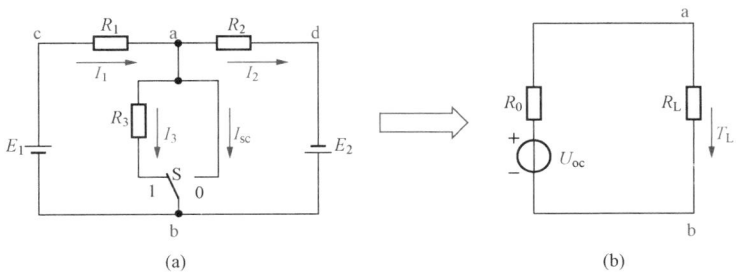

(a)　　　　　　　　　　　　　　　　(b)

图 5-17　有源二端网络 ab 的外特性实验接线

（a）接线图；（b）戴维宁等效电路

2）使稳压电源输出分别为 9V 和 6V，$R_1 = R_2 = 200\Omega$。

3）调整电阻 R_L 的阻值，用万用表直流电压挡测各 ab 间电压，计算 ab 间的电流 I_L，将数据填入表 5-16 中。

4）据上数据，在坐标纸上绘出 $U\text{-}I$ 特性曲线。

表 5-16　　　　　　　　　有源二端网络 ab 的外特性实验数据

R_L	100Ω	200Ω	$1\text{k}\Omega$	$2\text{k}\Omega$
U_ab				
I_ab				

2. 测定有源二端网络 ab 的戴维宁等效电路，验证定理

1）重复前述步骤 1）、2）。

2）断开开关 S，测量 ab 间的开路电压 U_oc。

3）将开关 S 接 0 点，测量 ab 间的短路电流 I_sc。

4）含源二端网络 ab 的等效内阻 $R_0 = U_\text{oc}/I_\text{sc}$。

5）选取电压为 U_oc 的电压源，内阻等于 R_0，组成戴维宁等效电路如图 5-17（b）所示。

6）在 ab 间接负载电阻 R_L，重复前述步骤 3）、4），将数据填入表 5-17 中。

表 5 - 17　　　　　　　　　　有源二端网络 ab 的戴维宁等效电路实验数据

R_L	100Ω	200Ω	1kΩ	2kΩ
U_{ab}				
I_{ab}				

7）比较步骤 1）、2）两组数据及 $U\text{-}I$ 特性曲线，验证定理，分析误差原因。

8）调整负载电阻 R_L，分别使 $R_L=R_0$、$R_L>R_0$、$R_L<R_0$，测量负载上的电压和电流，计算负载上的功率 $P=UI$，列出数据表格，在 $R_L=R_0$ 各取两个点，画出 $P\text{-}R_L$ 曲线，验证最大功率传输。

3．自行设计实验步骤验证诺顿定理

要求：画出实验电路图，说明实验步骤。

4．有源二端网络等效电阻的测量

（1）测量方法如下：

1）测量有源网络的开路电压及短路电流，则 $R_0=U_{oc}/I_{sc}$，具体方法同上述戴维宁定理验证。

2）将被测有源网络内的所有独立源置零（将电流源 I_S 去掉，也去掉电压源，并在原电压端所接两点用一根短路导线相连），然后用伏安法或者直接用万用表的欧姆挡去测定负载 R_L 开路后 a、b 两点间的电阻，此即为被测网络的等效内阻 R_0 或称网络的入端电阻 R_i。

3）在网络开路两端接一已知电阻 R_L，测量 R_L 两端电压 U_L，然后代入计算公式（式中 U_{oc} 为负载开路时的开路电压）

$$R_0 = \left(\frac{U_{oc}}{U_L} - 1\right)R_L$$

4）采用半电压法求得：在开路两端接一可变电阻 R_L，调 R_L 同时测两端电压 U_L，当 $U_L=U_{oc}/2$ 时，则有 $R_0=R_L$。

（2）自行设计实验。用（1）中方法 2）、3）、4）测量有源二端网络的等效电阻。

 实验注意问题及实验报告要求

1．实验注意事项

1）测量时，注意万用表量程的更换。

2）电源置零时不可将稳压电源短接。

3）用万用表直接测 R_0 时，网络内的独立源必须先置零，以免损坏万用表。

4）依然要记住：断电连接电路。

2．思考题

1）在求戴维宁等效电路时，作短路试验，测 I_{sc} 的条件是什么？在本实验中可否直接作负载短路实验？

2）说明测有源二端网络等效内阻的几种方法的优缺点。

3）在求戴维宁等效电路时，所测量开路电压是否真正意义上的开路电压值？如何能得到更精确的开路电压值？

3．实验报告内容

1）整理实验数据及图表，验证定理的正确性。

2）对自行设计实验列出使用器件，写出实验内容、方法、步骤及实验结果，并对实验数据进行分析总结。

3）误差原因分析、心得体会及其他。

扩展阅读 ---

戴维宁（Léon Charles Thévenin，1857～1926），法国电报工程师和教育家。他在 1883 年提出了戴维宁定理，但实际上德国科学家 Hermann von Helmholtz 在 1853 年首先发现了它。

戴维宁出生在法国 Meaux，1876 年毕业于巴黎 Ecole Polytechnique 学校，他是最早进入 Ecole Supérieure（EST）的学生之一，学完 EST 的课程后，1878 年戴维宁成为电报工程师协会的会员，并在 1882 年成为 Ecole Supérieure 的教学监督员，他的职责包括教学和行政管理。在基尔霍夫定律和欧姆定律的基础上，他提出了戴维宁等效公式，于 1883 年发表在法国科学院刊物上，论文仅一页半，是在直流电源和电阻的条件下提出的，然而，由于其证明所带有的普遍性，实际上它适用于当时未知的其他情况，如含电流源、受控源以及正弦交流、复频域等电路，目前已成为一个重要的电路定理。当电路理论进入以模型为研究对象后，出现该定理的适用性问题。前苏联教材中对该定理的证明与原论文相仿。

定理的对偶形式 50 余年后由美国贝尔电话实验室工程师 E. L. Norton 提出，即诺顿定理。

实验5　集成运算放大器的基本运算电路

 **实验基础及实验准备**

1. 实验研究目的

1）利用运算放大器进行比例运算。

2）利用运算放大器进行反相加法运算。

3）利用运算放大器进行减法运算。

2. 实验原理

运算放大器是一个有源电路器件，简称"运放"，用于执行诸如加减乘除、微分、积分等数学运算。理想运算放大器的电路如图 5-18 所示，其特性为：

1）输入电阻 $R_{in} = \infty$，输出电阻 $R_o = 0$，放大倍数 $A = \infty$；

2）反相端和同相端的输入电流均为零，即 $i_1 = i_2 = 0$，称为"虚断（路）"；

3）对于公共端（地），反相输入端的电压与同相输入端的电压相等，即 $u_+ = u_-$，称为"虚短（路）"。

图 5-19 是集成运算放大器在工程上常用的一种表示方式，这种方式包括放大器的五个主要的端子，这种画法又称为"五端子法"。在实际的电路图当中，往往把图 5-19 中的文字省略掉，而只保留其中的符号（用"－"代表反相输入端，"＋"代表同相输入端，"U_+"代表正

电源,"U_-"代表负电源),以保持线路的简洁。

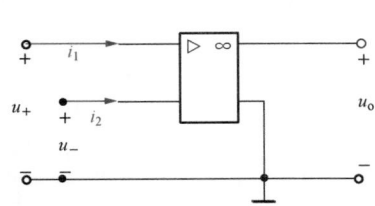

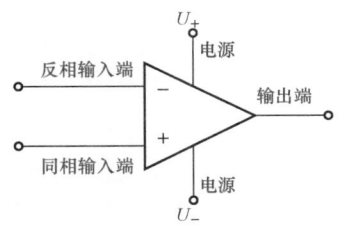

图 5-18　理想运算放大器　　　图 5-19　集成运算放大器在工程上的表示方式

3. **实验设备**

1) 集成运算放大器　　　　　一只　　(LM741)
2) 万用表　　　　　　　　　一只
3) 双路直流稳压电源　　　　一台
4) 开关稳压电源　　　　　　一台
5) 电阻　　　　　　　　　　20kΩ　三只　　100kΩ　一只
6) 实验用插件板　　　　　　一块
7) 跨接导线和连接线　　　　若干

4. **预习内容**

1) 对比例运算,估算各种情况下输出电压 U_o 的大小及极性,以正确选择万用表的量程范围。
2) 估算比较运算放大状态情况下的输出电压 U_o,并判断极性。
3) 根据所学电路知识,求出比较运算中要求计算的数值。
4) 查阅资料,想一下,弱电电路中的"地"与强电电路中的"地"有什么不同?

实验内容

1. **反相比例运算**

1) 按图 5-20 进行接线。

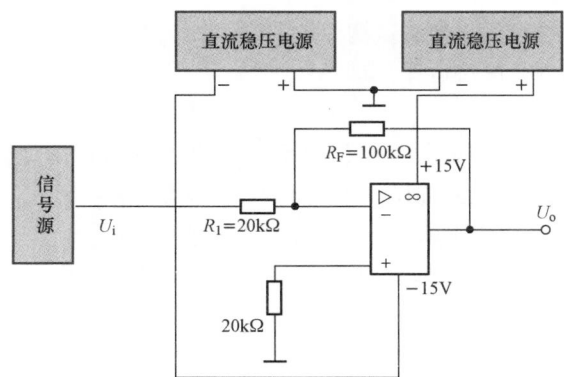

图 5-20　反相比例运算电路图

2) 运算放大器的电源用集成电路专用的 15V 电源,注意不要将之与作为信号源的可调直

流稳压电源混淆，并注意不要将任何电源短路。

3）按表 5-18 调节直流信号源的输出电压值，分别测量输出值并记入表内。

表 5-18　　　　　　　　　　　　反相比例运算实验数据

U_i	0.5	1.0	1.5	2.0	2.5	3.0
U_o						
U_o/U_i						

2．同相比例运算

1）按图 5-21 进行连线。

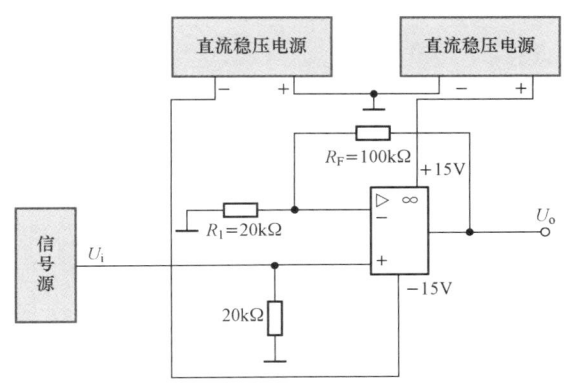

图 5-21　同相比例运算电路图

2）按表 5-19 调节 U_i 的输出电压，测量输出 U_o 并记入表 5-19 中。

表 5-19　　　　　　　　　　　　同相比例运算试验数据

U_i	0.5	1.0	1.5	2.0	2.5	3.0
U_o						
U_o/U_i						

3．比较运算

1）按图 5-22 接线，将 U_{i1} 调至 1V。

2）按表 5-20 所示调节同相输入端电压 U_{i2}，测量输出电压并填入表 5-20 中。

4．设计电路

试设计一个用运算放大器和电阻组成的电路，其输出电压等于 $2X-Y$，其中，X、Y 分别表示两个输入电压值。假设 X、Y 不超过 10V，同时要求每一个电阻所消耗的功率不超过 0.5W，试确定各电阻值，通过实验实现之。

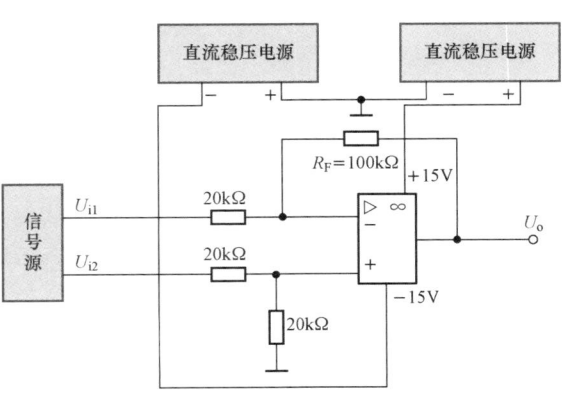

图 5-22　比较运算电路图

实验 **5**

表 5 - 20　　　　　　　　　比 较 运 算 实 验 数 据

U_{i2}	0.5	1.0	1.5	2.0	2.5	3.0
U_o						
计算值						

 **实验注意问题及实验报告要求**

1. 实验注意事项

1) 分清集成电路用电源和信号源用电源，并注意不要将它们短路。

2) 集成运算放大器总是工作在线性放大区，在设计电路时要注意避免进入其饱和状态。

3) 注意正确地测量输出电压，输出端不能与地短路。

4) 正确地选择接地点。

2. 思考题

1) 对反相比例运算放大器，若将此电路作为电源使用，它相当于哪种类型的受控源？

2) 在反相比例运算时，当输入电压不变，若不断改变电阻 R_1 时，又属于哪种受控电源？

3) 同相比例运算时，输出电流 $I_o =$ ？

3. 实验报告内容

1) 整理实验数据，验证理论的正确性。

2) 画出同相、反相和比较运算的特性曲线，分析其特性。

3) 认真完成要求的电路设计，包括设计依据、步骤、电路图及器件的选用。

4) 心得体会及其他。

 **扩展阅读** -

运算放大器的发展历史

第一个使用真空管设计的放大器大约在 1930 年前后完成，这个放大器可以执行加与减的工作。

运算放大器最早被设计出来的目的是将电压类比成数字，用来进行加、减、乘、除的运算，同时也成为实现模拟计算机的基本建构方块。然而，理想运算放大器在电路系统设计上的用途却远超过加减乘除的计算。今日的运算放大器，无论是使用晶体管或真空管、分立式元件或集成电路元件，运算放大器的效能都已经逐渐接近理想运算放大器的要求。早期的运算放大器是使用真空管设计，现在则多半是集成电路式的元件。但是如果系统对于放大器的需求超出集成电路放大器的需求时，常常会利用分立式元件来实现这些特殊规格的运算放大器。

1960 年代晚期，美国的仙童半导体（Fairchild Semiconductor）公司推出了第一个被广泛使用的集成电路运算放大器，型号为 μA709，设计者是鲍伯·韦勒（Bob Widlar）。但是 709 很快地被随后而来的新产品 μA741 取代，741 有着更好的性能，更为稳定，也更容易使用。741 运算放大器成了微电子工业发展历史上一个独一无二的象征，历经了数十年的演进仍然没有被取代，很多集成电路的制造商至今仍然在生产 741。直到今天，μA741 仍然是各大学电子工程系中讲解运放原理的典型教材。

实验 6　受　控　电　源

 **实验基础及实验准备**

1. 实验研究目的

1）熟悉四种受控源的基本特性，加深对受控源的理解。

2）掌握受控源转移特性及负载特性的测试方法。

2. 实验原理

（1）受控源。受控源也是一种电源，它对外可提供电压或电流，但它与独立源不同，受控电压源的电压受其他支路的电流或电压的控制；受控电流源电流受其他支路的电流或电压控制，故受控源又称为非独立电源。当受控源的电压和电流（称为受控量）与控制支路的电压或电流（称为控制量）成正比例变化时，受控源是线性的。根据受控量与控制量的性质，受控源可分为四类，如图 5 - 23 所示为四种共地受控源，图 5 - 23（a）电流控制电流源 CCCS，图 5 - 23（b）电压控制电流源 VCCS，图 5 - 23（c）电流控制电压源 CCVS，图 5 - 23（d）电压控制电压源 VCVS。

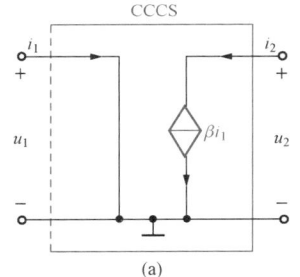 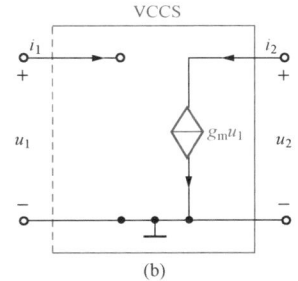

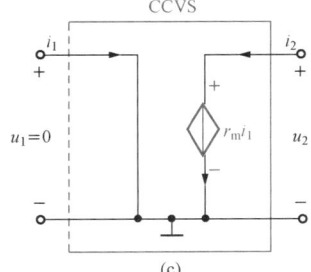 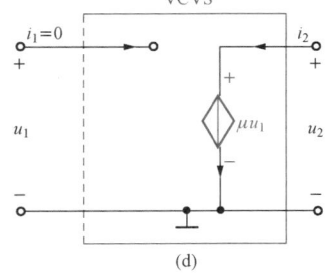

图 5 - 23　共地受控源

（a）CCCS；（b）VCCS；（c）CCVS；（d）VCVS

受控源是从电子器件（电子管、晶体管、场效应管和运算放大器等）中抽象出来的一种模型，用来表征电子器件的电特性。由于电子器件的出现和广泛使用，在现代电路理论中，受控源已经和电阻、电容、电感等元件一样，成为电路的基本元件。

受控源对外提供的能量，既非取自控制量，又非受控源内部产生的，而是由电子器件所需的直流电源供给。所以受控源实际上是一种能量转换装置，它能够将直流电能转换成与控制量性质相同的电能。

（2）理想受控源。图 5-23 所示的四种理想受控源中，控制支路中只有一个独立变量（电压或电流），另一个变量为零。换言之，从受控源的入口看，或者是短路（输入电阻 $R_i=0$ 及输入电压 $U_i=0$），或者是开路（输入电导 $G=0$ 及输入电流 $I=0$）。从受控源的出口看，或是一理想电流源或者是一理想电压源。

受控源的受控量与控制量之比称为转移函数。四种受控源的转移函数分别用 β、g_m、μ 和 r_m 表示，它们的定义如下。

CCCS：$\beta=i_2/i_1$ 转移电流比（电流增益）。

VCCS：$g_m=i_2/u_1$ 转移电导。

VCVS：$\mu=u_2/u_1$ 转移电压比（电压增益）。

CCVS：$r_m=u_2/i_1$ 转移电阻。

不同种类的受控源也可以像无源双口网络一样进行各种连接，其合成后等效受控源的参数也与无源双口网络一样进行计算，表 5-21 给出了四种理想受控源的各种参数矩阵以供参考。

表 5-21　　　　　　　　四种理想受控源各种参数矩阵

名称 参数	CCCS	VCCS	CCVS	VCVS
H	$\begin{bmatrix}0&0\\\alpha&0\end{bmatrix}$			
Y		$\begin{bmatrix}0&0\\g_m&0\end{bmatrix}$		
Z			$\begin{bmatrix}0&0\\r_m&0\end{bmatrix}$	
A	$\begin{bmatrix}0&0\\0&\alpha\end{bmatrix}$	$\begin{bmatrix}0&1/g_m\\0&0\end{bmatrix}$	$\begin{bmatrix}0&0\\1/r_m&0\end{bmatrix}$	$\begin{bmatrix}1/\mu&0\\0&0\end{bmatrix}$

（3）实际受控源。我们实验室中采用的是由运算放大器组成的四种受控源。具体电路介绍如下。

1）VCVS：电路如图 5-24（a）所示。

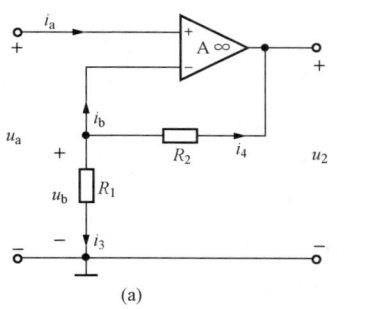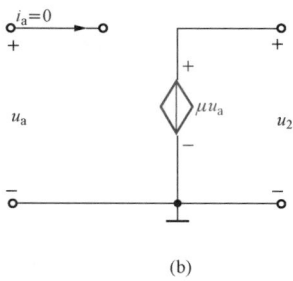

图 5-24　VCVS

（a）电路图；（b）等效电路

根据运放特性有

$$i_a=i_b=0,\quad u_a=u_b$$

故 $i_3=-i_4$，即 $\dfrac{u_b}{R_1}=-\dfrac{u_b-u_2}{R_2}$，$\dfrac{u_a}{R_1}=-\dfrac{u_a-u_2}{R_2}$

故得

$$u_2 = \frac{R_1 + R_2}{R_1} u_a = \mu u_a$$

式中，μ 为电压放大系数，$\mu = (R_1 + R_2)/R_1$。根据上式可做出其等效电路如图 5 - 24（b）所示，可见此电路为 VCVS 电路。取 $R_1 = R_2$，故 $\mu = 2$。又因输出端与输入端有公共的"接地"端，故这种接法称之为"共地"连接。

2）VCCS：电路如图 5 - 25（a）所示。

因有 $i_2 = i_R$，$i_R = \dfrac{u_b}{R} = \dfrac{u_a}{R}$

故有：$i_2 = -i_R = -\dfrac{u_a}{R} = g_m u_a$，式中 g_m 为转移电导，$g_m = -1/R$。

等效电路如图 5 - 25（b）所示，是 VCCS 电路，即输出端电流 i_2 只受输入端电压 u_a 的控制，而与负载电阻 R_L 无关。因输出与输入无公共"接地"端，故这种电路为"浮地"连接。

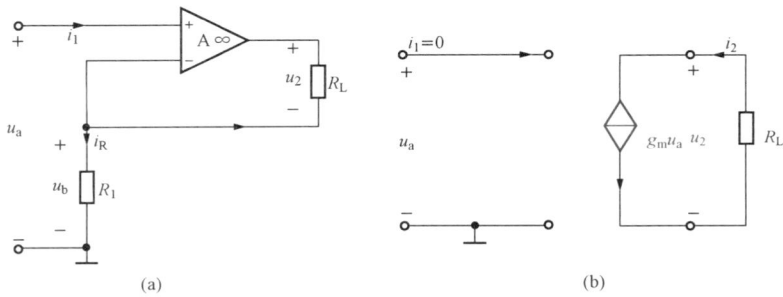

图 5 - 25　VCCS

（a）电路图；（b）等效电路

3）CCVS：电路如图 5 - 26（a）所示。

因有 $i_1 = i_2$，$i_1 = \dfrac{u_b}{R_1} = -\dfrac{u_2}{R_2}$

故得 $u_2 = -R_2 \cdot \dfrac{u_b}{R_1} = -R_2 i_1 = r_m i_1$，式中，$r_m = -R_2$。

其等效电路如图 5 - 26（b），为 CCVS 电路，且为"共地"连接。

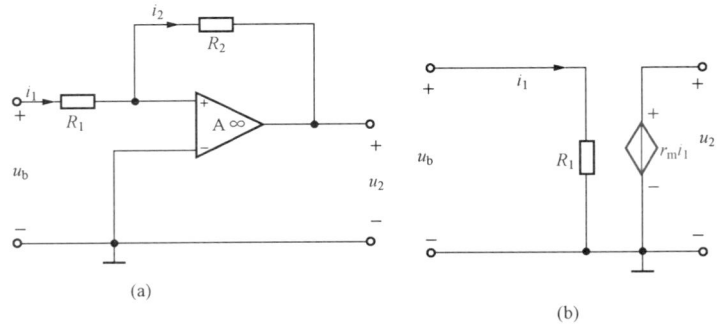

图 5 - 26　CCVS

（a）电路图；（b）等效电路

4）CCCS：电路如图 5 - 27（a）所示。

因有，$i_1 = i_2$

故有，$U_3 = -i_2 R_2 = -i_1 R_2$　　又有，$i_3 = -\dfrac{u_3}{R_3} = \left(\dfrac{R_2}{R_3}\right) i_1$

故有，$i_L = -(i_3 + i_2) = -\left[i_1 + \left(\dfrac{R_2}{R_3}\right) i_1 \right] = -\left(1 + \dfrac{R_2}{R_3}\right) i_1 = \beta i_1$

式中 $\beta = -[1 + (R_2/R_3)]$ 为电流放大系数，其等效电路如图 5 - 27（b）所示，为 CCCS 电路。又因输出端与输入端无公共的"接地"点，故为"浮地"连接。

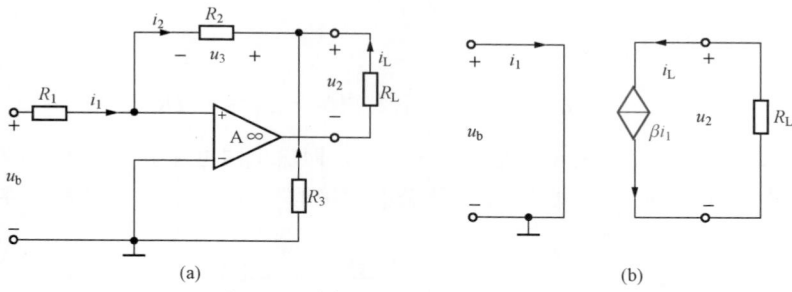

图 5 - 27　CCCS

（a）电路图；（b）等效电路

3．实验设备

1）稳压电源　　　　　　两套

2）数字万用表　　　　　一只

3）运算放大器　　　　　一只

4）固定电阻　　　　　　20kΩ　两只，510Ω　一只，1kΩ　一只

5）可调电阻　　　　　　10kΩ　一只，470Ω　一只

6）实验用插件板　　　　1块

7）连接导线与跨接导线　若干

4．预习内容

1）复习集成运放的相关内容，熟练掌握集成运放的使用方法。

2）根据电路原理图，按照给定参数，对各表中的测量值和计算值，进行分析计算，求出受控源参数 U_s、I_s、μ、β、g、r 值。

3）复习有关受控源的理论内容，阅读实验原理和说明。

实验内容

1．VCVS 的转移特性 $u_2 = f(u_1)$ 和负载特性 $u_2 = f(i_L)$

1）零点漂移：按图 5 - 28 接线，取 $R_L = 1$kΩ，输入电压为零时，测量输出电压 u_2。

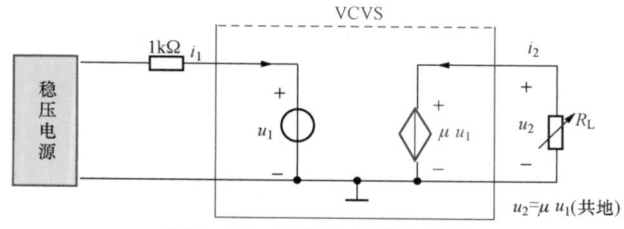

图 5 - 28　VCVS 实验接线图

2）固定 $R_L=1k\Omega$，按表 5 - 22 调节稳压电源的输出电压，测量相应的 u_1 和 u_2 值。数据填入表 5 - 22 中。

表 5 - 22   **VCVS 的转移特性实验数据**

输入电压 U_1（V）	0.5	1.0	1.5	2.0	2.5
输出电压 U_2（V）					
计算 $\mu=U_2/U_1$					

3）在坐标纸上画出转移特性曲线，标出其线性部分，与理论曲线进行比较。

4）保持 $u_1=2V$，按表 5 - 23 调节 R_L，测量相应的 u_2 值，计算 i_2，将数据填入表 5 - 23 中。

5）画出理论与实验测得的负载特性曲线。

表 5 - 23   **VCVS 的负载特性实验数据**

负载电阻 R_L（Ω）	0	50	100	150	200
输出电压 U_2（V）					
计算 μ（U_2/U_1）					
计算 i_2					

2. VCCS 的转移特性 $i_2=f(u_1)$ 的研究

1）零点漂移：按图 5 - 29 接线，当输入电压为零，$R_L=1k\Omega$ 时，测量 u_2。

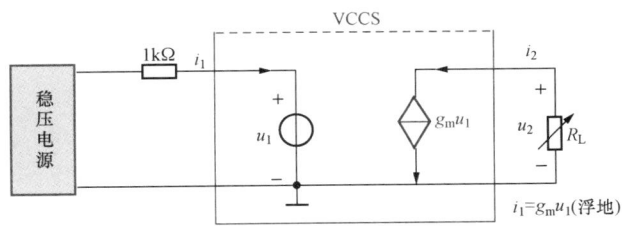

图 5 - 29   VCCS 的转移特性实验接线

2）固定 $R_L=1k\Omega$，调节电压源的输出电压，测量相应的 u_1 和 u_2，计算出 i_2（注意参考方向），数据填入表 5 - 24 中。

表 5 - 24   **VCCS 的转移特性实验数据**

输入电压 U_1（V）	0	1	2	3	4
输出电压 U_2（V）					
输出电流 I_2（μA）					
计算 $g=I_2/U_i$					

3. CCVS 的转移特性 $u_2=f(i_1)$ 的研究

1）零点漂移。按图 5 - 30 接线，当输入电压为零，$R_L=1k\Omega$ 时，测量 u_2。

2）固定 $R_L=1k\Omega$，调节电压源的输出电压，使电流 i_1 按表 5 - 25 取值，测量相应的 u_2 值。数据填入表 5 - 25 中。

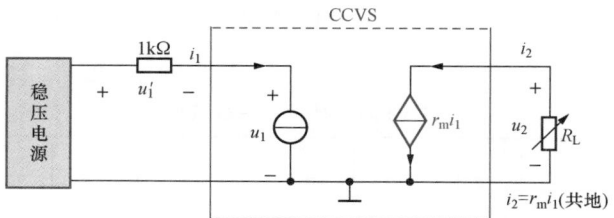

图 5 - 30　CCVS 的转移特性实验接线

表 5 - 25　　　　　　　　　　　　　**CCVS 的转移特性实验数据**

输入电流 I_1（mA）	1	1.5	2.0	2.5	3
输出电压 U_2（V）					
计算 $r=U_2/I_1$					

4. CCCS 的转移特性 $i_2 = f(i_1)$ 的研究

电路图如图 5 - 31 所示，自行设计实验，写出实验步骤和数据表格。

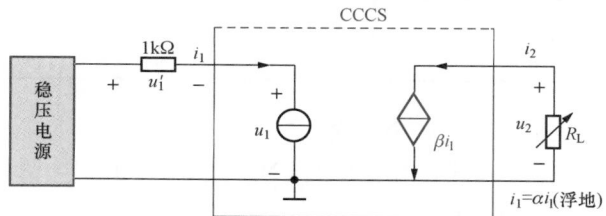

图 5 - 31　CCCS 的转移特性实验接线

 **实验注意问题及实验报告要求**

1. 实验注意事项

1）运算放大器输出端不能与地短路，输入电流不能过大，应为几十到几百微安之间。

2）根据实验原理及实验内容，准确连接实验电路。

2. 思考题

1）受控源和独立源有何异同？

2）受控源的控制特性是否适合于交流信号？

3）如何由两个基本的 CCVS 和 VCCS 获得其他两个 CCCS 和 VCVS，它们的输入和输出如何连接？

4）写出测量 CCCS 转移特性的实验步骤。

5）若令受控源的控制极性反向，试问其输出极性是否发生变化？

3. 实验报告要求

1）画出各实验电路接线图，整理实验数据。

2）根据实验数据分别绘出四种受控源的转移特性和负载特性曲线，并求出相应的转移参数，分析误差原因。

3）对实验的结果做出合理地分析和结论，总结对四种受控源的认识和理解。

4）回答思考题，总结一下集成运放的使用方法。

5）心得体会及其他。

第6章

动态电路分析实验

本章主要内容是对一阶与二阶动态电路的过渡过程进行分析实验，使学生加深对动态电路响应过程的理解。

实验7 一阶电路的动态响应分析

实验基础及实验准备

1. 实验研究目的

1) 研究一阶电路的零输入响应和阶跃响应，了解电路参数对响应的影响。

2) 研究 RC 电路积分和微分条件及输出的波形。

3) 学会用示波器观察和分析电路的响应。

4) 练习使用函数信号发生器。

2. 实验原理

含有一个独立储能元件，可以用一阶微分方程来描述的电路，称为一阶电路，如图6-1所示的 RC 一阶串联电路，输入为一个阶跃电压 $U_s \varepsilon(t)$ [$\varepsilon(t)$ 为单位阶跃函数]，电容电压的初始值为 $u_C(0_+) = U_0$，则电路的全响应为

$$
\begin{cases}
RC \dfrac{\mathrm{d}u_C}{\mathrm{d}t} + u_C = U_s \\
u_{C(0_-)} = U_0
\end{cases}
$$

解得

$$u_C(t) = U_0 e^{-\frac{t}{\tau}} + U_s(1 - e^{-\frac{t}{\tau}}), \quad t \geqslant 0$$

1) 零输入响应。当 $U_s = 0$，电容的初始电压 $u_C(0^+) = U_0$ 时，电路的响应称为零输入响应。

$$u_C(t) = U_0 e^{-\frac{t}{\tau}}, \quad t \geqslant 0$$

输出波形为单调下降的。当 $t = \tau = RC$ 时，$u_C(\tau) = \dfrac{1}{e} U_0 = 0.368 U_0$，$\tau$ 称为该电路的时间常数，如图6-2所示。

2) 阶跃响应（零状态响应）。当 $u_C(0^+) = 0$ 时，而输入为一个阶跃电压 $u_s = U_s u(t)$ 时，电路的响应称为阶跃响应（零状态响应）。

$$u_C(t) = U_s(1 - e^{-\frac{t}{\tau}}) u(t)$$

电容电压由零逐渐上升到 U_s，电路时间常数 $\tau = RC$ 决定上升的快慢，当 $t = \tau$ 时 $u_C(t) = 0.632 U_s$，如图6-3所示。

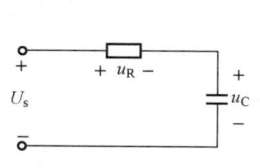

图 6-1 RC 一阶串联电路

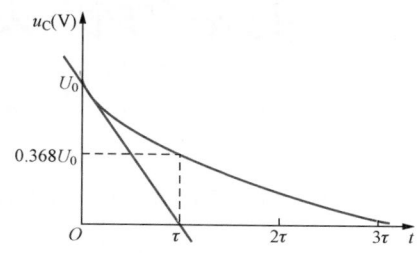

图 6-2 零输入响应输出波形

3）微分电路。如图 6-4（a）所示的电路，设输入为一脉冲波形 $P(t)$ 如图 6-4（b）所示，脉冲宽度为 t_p，当 $t_p \gg \tau = RC$ 时，则 $U_C(t) \approx P(t)$，而 $u_R(t) = Ri_C = RC \dfrac{\mathrm{d}u_C}{\mathrm{d}t} \approx RC \dfrac{\mathrm{d}}{\mathrm{d}t} p(t)$，即：从电阻上输出电压 $u_R(t)$ 为输入电压 $P(t)$ 的微分形式乘以 τ。

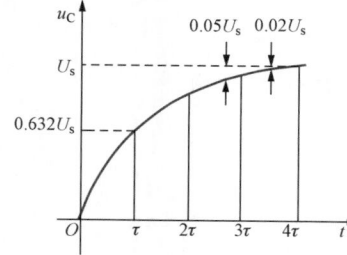

图 6-3 阶跃响应输出波形

4）积分电路。如图 6-5 所示电路，设输入为一脉冲波形 $P(t)$ 如图 6-4（a）所示，脉冲宽度为 t_p，当 $t_p \ll \tau = RC$ 时，则有 $u_R(t) \approx P(t)$，而 $u_C(t) = \dfrac{1}{C}\displaystyle\int_0^t i_C \,\mathrm{d}t \approx \dfrac{1}{RC}\displaystyle\int_0^t P(t)\,\mathrm{d}t$，即从电容上输出电压 $u_C(t)$ 为输入波形 $P(t)$ 的积分除以 τ。

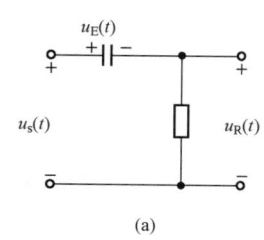

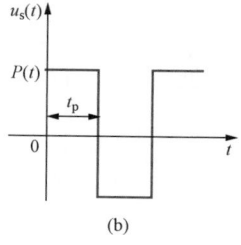

（a）　　　　　　　（b）

图 6-4 微分电路及脉冲波形

（a）微分电路；（b）脉冲波形图

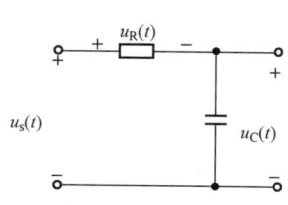

图 6-5 积分电路

3. 实验设备

1）函数信号发生器　　　一台

2）双踪示波器　　　　　一台

3）电阻　　　　　　　　一只　20kΩ

4）电容　　　　　　　　一只　0.47μF

5）可调电阻　　　　　　三只　20kΩ、10kΩ、470Ω

6）二极管　　　　　　　一只

7）实验用插件板　　　　一块

8）跨接导线和连接导线　若干

4. 预习内容

1）复习 RC 电路的阶跃响应的基本概念。

2）参照第4章相关章节，认真学习示波器和函数信号发生器的使用方法。

3）对实验内容中的各项计算值进行计算，绘出示波器应显示的波形。

 实验内容

实验7

1. 观察 RC 电路的阶跃响应

1）按图6-6接好线路图。图中 U_s 为函数信号发生器输出电压，$u_C(t)$ 为电容电压，接示波器，$R_w = 10\text{k}\Omega$，$C = 0.47\mu\text{F}$。

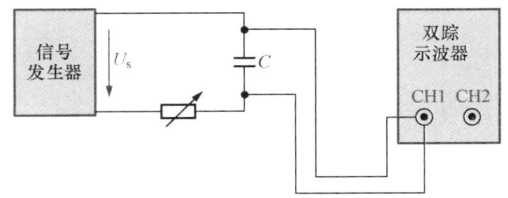

图6-6　RC 阶跃响应实验电路

2）调节函数信号发生器输出为方波 $U = 1.8\text{V}$，$t_p = 2.5\text{ms}$，$f = 200\text{Hz}$。

3）绘 $X_R = F(f)$ 频率特性曲线。

4）观察 $u_C(t)$ 波形并记录各时刻之值。

5）在坐标纸上画出 $u_C(t)$ 的波形图，测试时间常数。

6）改变 R_w 阻值观察 $u_C(t)$ 波形并记录到表6-1中，图6-7为实验参考图形。

表6-1　　　　　　　　　　　　　　**RC 电路的阶跃响应实验数据**

$u_C(t)$	充电峰值	到达峰值时间	$t_p/5$	$2t_p/5$	$3t_p/5$	$4t_p/5$	t_p
测量值							
计算值							

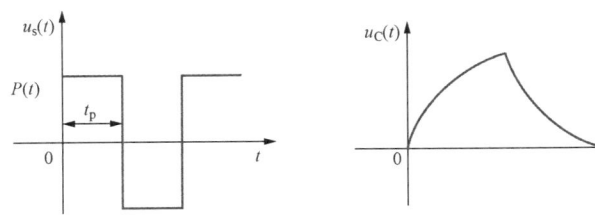

图6-7　RC 电路的阶跃响应实验参考图形

2. 积分电路

1）调节函数信号发生器的输出为方波 $U = 3\text{V}$，$t_p = 2.5\text{ms}$，$f = 200\text{Hz}$，将可调电阻换成 $20\text{k}\Omega$。

2）观察 $u_C(t)$ 波形，并记录到表6-2中。在坐标纸上画出 $u_C(t)$ 的波形图。

表6-2　　　　　　　　　　　积 分 电 路 实 验 数 据

$u_C(t)$	$t_p/5$	$2t_p/5$	$3t_p/5$	$4t_p/5$	t_p
测量值					
计算值					

3. 微分电路

1) 将示波器的一踪接至电阻两端，取 $R_w = 470\Omega$，如图6-8所示。

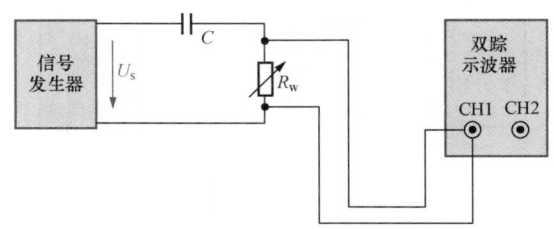

图6-8　微分电路实验接线

2) 调节信号发生器输出为方波 $U = 2\text{V}$，$t_p = 2.5\text{ms}$，$f = 200\text{Hz}$。

3) 用示波器观察 $u_R(t)$ 的波形，并记录到表6-3中。

4) 在坐标纸上画出 $u_R(t)$ 的波形图。

表6-3　　　　　　　　　　　　微 　分 　电 　路

$u_R(t)$	$t_p/5$	$2t_p/5$	$3t_p/5$	$4t_p/5$	$5t_p/5$
测量值					
计算值					

4. 改变电路

若选取实验电路如图6-9所示，重复内容1，比较实验结果。

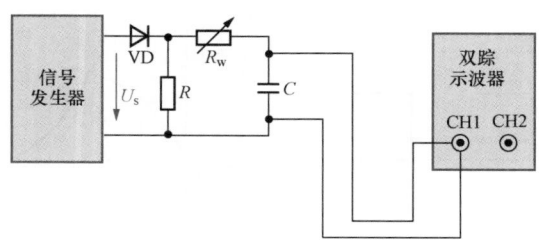

图6-9　实验电路接线

　**实验注意问题及实验报告要求**

1. 实验注意事项

1) 实验前，需熟读双踪示波器使用说明，注意各相关开关、旋钮的操作与调节。

2) 信号源的接地端与示波器的接地端要连在一起（称共地），以防外界干扰而影响测量的准确性。

3）要想观察电容充放电的过程，则要求第二阶跃信号来到时，电容器的电压必须为零，也就是说，在下一个阶跃脉冲来到时，电容器放电结束，这样才能看到第二个脉冲来到时的阶跃响应，故应使阶跃脉冲的宽度 $t_p > 10\tau$。

4）用 RC 电路作微分电路，则必须满足是 $\tau \ll t_p$，从 R 端输出。

5）用 RC 电路作积分电路，则必须满足是 $\tau \gg t_p$，从 C 端输出。

6）无论是积分电路，还是微分电路，在系列脉冲作用下电容必须把电放完，即在下一个脉冲来到时，$U_{C(0-)} = 0$，以保证电容每来一个脉冲都从零开始充电，也就是说要求脉冲有一定的占空比。

2．思考题

1）一阶电路中，满足微分电路、积分电路的条件是什么？

2）如何从示波器上读出时间常数？

3）图 6-9 中电阻 R 在电路中起何作用？

4）试设计一个一阶全响应电路，并观测全响应波形。

3．实验报告要求

1）用电路理论计算各电路的输出理论值，与实验测出的数值进行比较，并得出相应的结论。

2）根据实验观测结果，绘出 RC 一阶电路充放电时 U_C 变化曲线，曲线测得 τ 值，并与参数值的计算结果作比较，分析误差原因。

3）讨论不同的 τ 值对电路响应的影响。

4）根据实验观测结果，归纳、总结积分电路和微分电路的形成条件，说明波形变换的特征，绘制被测量变化曲线。

5）根据本次实验电路，讨论零输入、零状态和全响应的概念。

6）心得体会及其他。

实验 8　二阶电路的动态响应分析

实验基础及实验准备

1．实验研究目的

1）学习用实验的方法来研究二阶动态电路的响应，了解电路元件参数对响应的影响。

2）观察、分析二阶电路响应的三种状态轨迹及其特点，以加深对二阶电路响应的认识与理解。

3）研究二阶电路的零输入响应。

4）熟练使用函数信号发生器及双踪示波器。

2．实验原理

1）含有两个独立储能元件，能用二阶微分方程描述的电路称为二阶电路。

如图 6-10 所示的 RLC 串联电路，$t=0$ 时合上开关 S，设电容的初始值为 $u_C(0^+) = U_0$，电感的初始值为 $i_L(0^+) = I_0$，则电路的全响应为

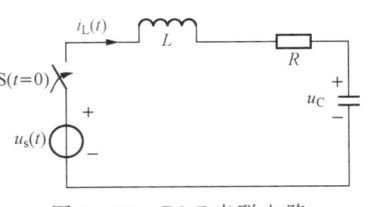

图 6-10　RLC 串联电路

$$\begin{cases} LC\dfrac{\mathrm{d}^2 u_{\mathrm{C}}(t)}{\mathrm{d}t^2} + RC\dfrac{\mathrm{d}u_{\mathrm{C}}(t)}{\mathrm{d}t} + u_{\mathrm{C}}(t) = U_{\mathrm{s}} \\ u_{\mathrm{C}}(0^+) = U_0 \\ i_{\mathrm{L}}(0^+) = I_0 \Rightarrow \dfrac{\mathrm{d}u_{\mathrm{C}}(t)}{\mathrm{d}t}\bigg|_{t=0^+} = \dfrac{I_0}{C} \end{cases}, \quad t \geqslant 0$$

其特征根为

$$p_{1,2} = -\frac{R}{2L} \pm \sqrt{\left(\frac{R}{2L}\right)^2 - \frac{1}{LC}} = -\delta \pm \sqrt{\delta^2 - \omega_0^2} = -\delta \pm \sqrt{-\omega^2}$$

方程通解为 $u_{\mathrm{C}}(t) = A_1\mathrm{e}^{p_1 t} + A_2\mathrm{e}^{p_2 t}$，$A_1$、$A_2$ 由初始值确定。

电路参数有：

$\delta = \dfrac{R}{2L}$，称为阻尼常数或衰减系数。

$\omega = \sqrt{\omega_0^2 - \delta^2}$，称为有衰减时的振荡角频率。

$\omega_0 = \dfrac{1}{\sqrt{LC}}$，称为无衰减时的谐振（角）频率。

$p_{1,2}$ 为特征根，也称为电路的固有频率。

δ_1、ω、ω_0、$p_{1,2}$ 均是仅与电路结构和元件参数有关，完全表征了二阶动态电路的属性，以 RLC 串联电路零输入响应为例分析二阶电路的暂态特性。

2）二阶电路的零输入响应：激励源 $u_{\mathrm{s}} = 0$ 时电路的响应。

$R > 2\sqrt{\dfrac{L}{C}}$ 时，即 $\delta > \omega_0$，过阻尼情况，暂态过程为非振荡放电过程，如图 6‑11 所示。在 t_{m} 时刻电流达最大值，电感电压过零点，即 $t < t_{\mathrm{m}}$ 时，电感吸收能量，$t > t_{\mathrm{m}}$ 时，电感释放能量，$t_{\mathrm{m}} = \dfrac{\ln(p_2/p_1)}{p_1 - p_2}$。

$R < 2\sqrt{\dfrac{L}{C}}$ 时，即 $\delta < \omega_0$，欠阻尼情况，暂态过程为振荡放电过程，如图 6‑12 所示。动态元件周期性的交换能量，呈现衰减振荡的状态。

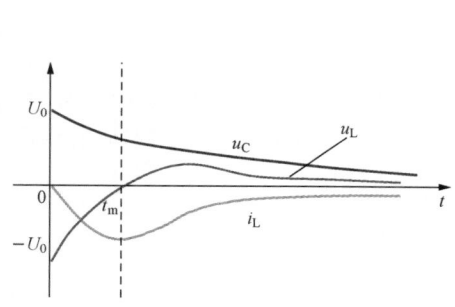

图 6‑11 非振荡放电过程能量交换情况

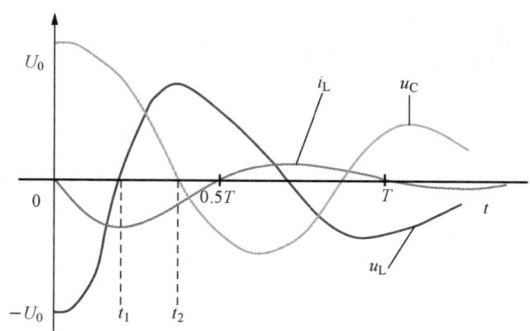

图 6‑12 振荡放电过程能量交换情况

$R = 2\sqrt{\dfrac{L}{C}}$ 时，即 $\delta = \omega_0$，临界情况，暂态过程为非振荡放电过程。

$R = 0$ 时，即 $\delta = 0$，$\omega = \omega_0 = \dfrac{1}{\sqrt{LC}}$，无阻尼情况，暂态过程为等幅振荡放电过程。

3．实验设备

1）函数信号发生器　　　　一台

2）示波器　　　　　　　　一台

3）电阻　　　　　　　　　一只　　20kΩ

4）电容　　　　　　　　　一只　　0.47μF

5）电感　　　　　　　　　一只　　5mH

6）可调电阻　　　　　　　两只　　10kΩ

7）实验用插件板　　　　　一块

8）跨接导线和连接导线　　若干

4．预习内容

1）复习 RLC 电路动态响应的基本概念。

2）对实验内容中的各项计算值进行计算，绘出示波器应显示的波形。

 **实验内容**

二阶电路如图 6 - 13 所示。当信号源为高电平时，信号源向电容充电。当信号源为低电平时，电容通过电感、电阻电路进行放电。电阻 R_1 的接入是为了给 RLC 串联电路构成一个闭合回路，这样才能观察到电路的零输入响应、零状态响应。由于振荡放电需要一个相对较长的过程，因此信号源的频率不能太高，且占空比要小。

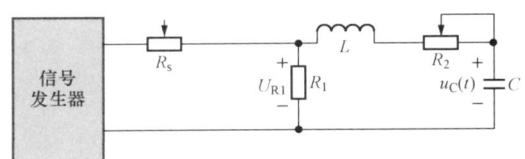

图 6 - 13　二阶电路

1．欠阻尼情况

1）根据图 6 - 13 连接好线路。

2）调节函数信号发生器的输出电压为方波 $U=2V$，$f=50Hz$，$L=5mH$ 加铁芯。

3）调整电位器 R_2，使电路处于欠阻尼状态，用示波器观察 $u_C(t)$、$i(t)$，画出一个周期内的响应 $u_C(t)$、$i(t)$ 的波形图和状态轨迹，精确标出有关的结构参数，并把它们绘在坐标纸上。

4）观察输出响应波形的振荡情况，测量计算 δ_1、ω、ω_0、$p_{1,2}$ 的值及初相角 φ。

2．过阻尼情况

调整电位器 R_2，使电路处于过阻尼状态，重复内容 1 中步骤 3）。

3．临界阻尼情况

观察 $u_C(t)$、$i(t)$ 的波形和状态轨迹。调节电位器 R_2 电阻值，找出临界阻尼时的电阻值。

 **实验注意问题及实验报告要求**

1．实验注意事项

1）示波器是常用的实验仪器之一，认真阅读示波器使用说明，尽量做到熟练使用，正确地输入被测量信号。

2) 本实验的不确定性比较大，只有认真细心地操作，才能达到比较理想的效果。

2. 思考题

1) 二阶电路中改变电路的衰减程度，应调节哪些电阻，两个可调电阻的作用有何不同。

2) 当 $R \gg 2\sqrt{\dfrac{L}{C}}$（过阻尼时），输入为不等于固有频率的正弦信号，其响应是否仍为正弦？

3) 请说出本实验中的零输入响应和零状态响应的条件。

4) 如果函数信号发生器输出脉冲的频率提高（如 2kHz），所观察到的波形仍然是零输入和零状态响应吗？

5) 二阶网络的响应可否用三要素求解？为什么？

6) RLC 并联电路和 RLC 串联电路的响应之间存在着什么关系？

3. 实验报告要求

1) 用电路理论计算响应理论值及相应参数。

2) 根据观测到的数据绘制各种响应波形，与理论值进行比较，并得出相应的结论，分析误差原因。

3) 根据实验观测结果，分析讨论 RLC 二阶电路的暂态过程。

4) 心得体会及其他。

第7章

交流电路分析实验

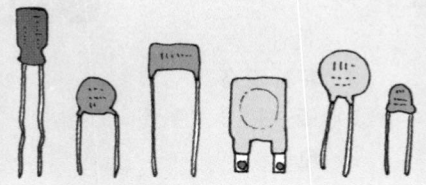

本章主要包括正弦交流电路阻抗特性分析、交流电路参数测量、谐振电路分析及交流电路功率分析等实验内容，辅助理论教学部分，帮助学生正确理解正弦交流电路的特性、参数特征，进一步掌握正弦交流电路的分析方法。

实验9　正弦交流电路中的阻抗频率特性

 **实验基础及实验准备**

1. 实验目的

1）通过实验进一步理解电阻、电感、电容的频率特性。

2）学会用双踪示波器观察电压、电流波形，并会利用波形图计算两个正弦量之间的相位差。

2. 实验原理

1）相量法基础。正弦交流电可用三角函数形式来表示，即由幅值（有效值或最大值 I_m）、频率（或角频率 $\omega = 2\pi f$）和初相位三要素来决定。

在正弦稳态电路的分析中，由于电路中各处的电压、电流都是同频率的交流电，所以电流、电压可用相量 $\dot{U} = U \angle \varphi_u$ 来表示（U、I—有效值，φ_u、φ_i—初相位）。

电路中端口电流、电压关系用阻抗 Z 描述，即 $Z = \dfrac{\dot{U}}{\dot{I}} = |Z| \angle \varphi_z = R + jX$，是一个复数，所以又称为复数阻抗。阻抗的模：$|Z| = \dfrac{U}{I}$；阻抗的辐角：$\varphi_z = \varphi_u - \varphi_i$ 为此端口的电压与电流的相位差。

2）电路元件的阻抗。在频率较低的情况下，电阻元件通常略去其分布电感及分布电容的影响，而看成是纯电阻。此时其端电压与电流的相量形式是：$\dot{U} = R\,\dot{I}$，式中 R 为线性电阻元件。$\dot{U}$ 与 $\dot{I}$ 之间无相位差，故电阻元件的阻值与频率无关。

电容元件在低频时也可略去其分布电感及电容极板间介质功耗的影响，因而可认为只具有电容 C。在正弦稳态条件下，流过电容的电流与电压之间的相量形式是：$\dot{U} = Z_C\,\dot{I} = \dfrac{1}{j\omega C}\,\dot{I}$，式中 Z_C 为电容的阻抗，与频率有关，$\dot{U}$ 与 $\dot{I}$ 之间相位差 $-90°$。

电感元件因其由导线绕成，导线有电阻，在低频时如略去其分布电容，则它仅由电阻 R_L 和电感 L 组成。其端电压与电流的相量形式是：

$\dot{U} = Z_L\,\dot{I} = (R_L + j\omega L)\,\dot{I}$，若理想元件，电阻为零，$\dot{U} = Z_L\,\dot{I} = j\omega L\,\dot{I}$。

式中 Z_L 为电感的阻抗，与频率有关。纯电感 $\dot{U}$ 与 $\dot{I}$ 之间相位差 $+90°$。

3．实验设备

1）函数信号发生器　　　　一台

2）电阻　　　　　　　　　一个　　　1kΩ

3）电位器　　　　　　　　一只　　　470Ω

4）电感（加铁芯）　　　　一个　　　20mH

5）电容　　　　　　　　　一个　　　4.7μF

6）数字万用表　　　　　　一只

7）双踪示波器　　　　　　一台

8）桥形连接插头和导线　　若干

9）九孔插件板　　　　　　一块

4．预习内容

1）学习第4章中有关函数信号发生器与示波器的内容。

2）对给定的元件及各物理量，对表7-1～表7-4的值进行计算。

实验内容

1．测量电阻的频率特性

1）按图7-1接线，R_0取20Ω，调节函数信号发生器输出电压$U=3$V，输出波形为正弦波。

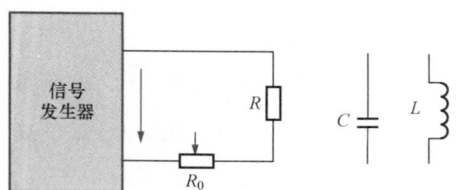

图7-1　电阻的频率特性实验接线图

2）按表7-1分别调节函数信号发生器的输出频率，用万用表测量对应各频率下的各个电阻的电压，并记入表7-1中（注意：当改变信号频率时，应维持其输出的电压为3V）。

表7-1　　　　　　　　电阻的频率实验数据（$I=U_{R0}/R_0$，$R=U_R/I$）

频率（Hz）		200	400	600	800	1000	1200	1400	1800
测量数据	U_R								
	U_{R0}								
计算值	I								
	R								

3）绘制$X_L=F(f)$频率特性曲线。

2．测量电感的频率特性

1）将图7-1中的电阻换成电感，取$L=20$mH，$R_0=20$Ω，调节函数信号发生器的输出电压为$U=3$V，输出波形为正弦波。

2）按表7-2分别调节函数信号发生器的输出频率，用万用表测量对应各频率下的电阻

和电感两端的电压，并记入表 7 - 2 中（注意：当改变信号频率时，应维持其输出的电压为 3V）。

表 7 - 2　　　　　电感的频率特性实验数据（$I=U_{R0}/R_0$，$X_L=U_L/I_L$）

频率（Hz）		200	400	600	800	1000	1200	1400	1800
测量数据	U_R								
	U_{R0}								
计算值	I_L								
	X_L								

3）根据实验数据，在坐标纸上绘制 $X_L=F(f)$ 频率特性曲线。

3. 测量电容的频率特性

1）图 7 - 1 中的电阻换成电容，取 $C=4.7\mu F$，$R_0=20\Omega$，调节函数信号发生器的输出电压为 $U=3V$。

2）按表 7 - 3 分别调节函数信号发生器的输出频率，用万用表测量对应各频率下的电阻和电容两端的电压，并记入表 7 - 3 中（注意，当改变信号频率时，应维持其输出的电压为 3V）。

表 7 - 3　　　　　电容的频率特性实验数据（$I=U_{R0}/R_0$，$X_C=U_C/I_C$）

频率（Hz）		200	400	600	800	1000	1200	1400	1800
测量数据	U_C								
	U_{R0}								
计算值	I_C								
	X_C								

3）根据实验数据，在坐标纸上绘制 $X_C=F(f)$ 频率特性曲线。

4. R、L 串联电路

1）按图 7 - 2 接线，调节交流信号源的输出电压，使输出 $U_s=1V$，$f=2500Hz$（信号电压以示波器测量为准）。

2）用双踪示波器观察 U_{R1}、U_L，观察到的波形绘制在坐标纸上，从波形上得出：U_L 与 I 的相位差（即 U_{L1} 与 U_{R1} 的时间差 t）＝____ms，折算成相位差＝____。将相关数据填入表 7 - 4 中。

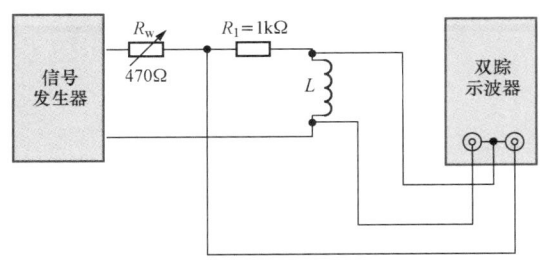

图 7 - 2　R、L 串联电路实验接线

表 7 - 4　　R、L 串联电路实验数据

	U_{R1m}	U_{Lm}	$I_m=U_{R1m}/R_1$
$R_w=0$			
$R_w=470$			

注　U_{Lm}、U_{R1m} 及 U_{Cm} 为由示波器上读出的电感、电阻和电容上的电压最大值。

5. R、C 串联电路

1）按图 7-3 接线，调节交流信号源的输出电压，使输出 $U_s=1$V，$f=2500$Hz（信号电压以示波器测量为准）。

2）示波器观察 U_{R1}、U_C，将观察到的波形绘制在坐标纸上，从波形上得出：U_{C1} 与 I 的相位差（即 U_{C1} 与 U_{R1} 的时间差 t）＝＿＿＿ms，折算成相位差＝＿＿＿。将相关数据填入表 7-5 中。

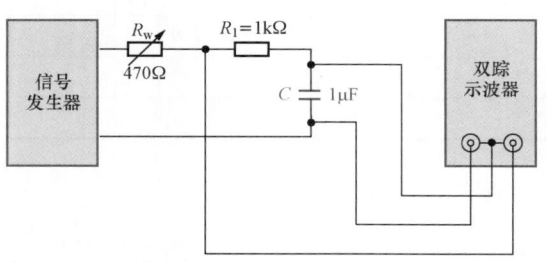

图 7-3　R、C 串联电路实验接线

表 7-5　　　　R、C 串联电路实验数据

	U_{R1m}	U_{Cm}	$I_m=U_{R1m}/R_1$
$R_w=0$			
$R_w=470$			

**实验注意问题及实验报告要求**

1. 实验注意事项

1）数字万用表、函数信号发生器与双踪示波器是常用电工仪器仪表，对其应达到熟练使用的程度。

2）由示波器读出的电压是信号的峰值电压，万用表测出的电压是信号的有效值，根据所学的知识，看一下它们之间的关系是否与实验数据一致。

2. 思考题

1）根据实验数据计算 L、C 的值，结果与标定值是否一致？

2）根据本实验中给定的电路各参数，各计算结果与测量数据比较，误差大不大？考虑一下是什么原因。

3. 实验报告内容

1）整理实验数据，分析误差产生的原因。

2）画出由示波器上看到的各波形图。

3）回答思考题。

4）实验心得及其他。

实验 10　谐振电路的研究

**实验基础及实验准备**

1. 实验研究目的

1）通过实验进一步理解谐振的概念，串、并联谐振电路的特点。

2）学会测绘谐振曲线，测试谐振频率。

3）掌握电路品质因数（电路 Q 值）的物理意义及其测定方法。

4）进一步了解不同品质因数对谐振曲线的影响。

2. 实验原理

谐振是电路的一个非常重要的现象，这种现象在无线电通信中有着广泛的应用，而在电力系统中应极力设法避免。

1）R、L、C 串联电路的谐振。对于图 7-4 所示的 R、L、C 串联电路，它的输入阻抗 Z 可以求得为

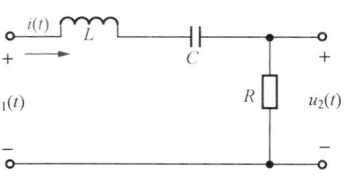

图 7-4　R、L、C 串联电路

$$Z = R + \mathrm{j}\omega L - \frac{1}{\mathrm{j}\omega C} = R + \mathrm{j}\left(\omega L - \frac{1}{\omega C}\right) = R(\omega) + \mathrm{j}X(\omega)$$

其中实部是一个常数，而虚部（亦即电抗）则为角频率的函数。在某一频率时，电抗 $X(\omega) = 0$，阻抗的模为最小值，$Z = R(\omega)$ 为纯电阻，阻抗角 $\varphi = 0$。因此，在一定的输入电压作用下，电路中的电流将为最大，且电流与输入电压同相，电路的这种状态叫做谐振。如令 ω_0 为出现这一情况时的角频率，则

$$\omega_0 L - \frac{1}{\omega_0 C} = 0，得 \ \omega_0 = \frac{1}{\sqrt{LC}}。$$

由于 $\omega_0 = 2\pi f_0$，所以有 $f_0 = \dfrac{1}{2\pi\sqrt{LC}}$。

式中，f_0 称为串联电路的谐振频率。

由上式可知，串联电路的谐振频率 f_0 与电阻 R 无关。它反映了串联电路的一种固有的性质，而且对于每一个 R、L、C 串联电路，总有一个对应的谐振频率 f_0，因此，改变 L、C 或可使电路发生谐振或消除谐振。

R、L、C 串联电路发生谐振时虽有 $X(\omega) = 0$，但感抗和容抗均不为零，也就是 $X(\omega) = X_L + X_C = \omega_0 L - \dfrac{1}{\omega_0 C} = 0$，但 $\omega_0 L = \dfrac{1}{\omega_0 C} \neq 0$。

由于谐振时，$\omega_0 = \dfrac{1}{\sqrt{LC}}$，则有 $\omega_0 L = \dfrac{1}{\omega_0 C} = \dfrac{1}{\sqrt{LC}} \times L = \sqrt{\dfrac{L}{C}} = \rho$

ρ 称为串联谐振电路的特性阻抗，它是一个由电路的 L、C 参数决定的量。在无线电技术中，通常还根据谐振电路的特性阻抗 ρ 与回路电阻 R 的比值的大小来讨论谐振电路的性能，此比值用 Q 来表示。

$$Q \triangleq \frac{\rho}{R} = \frac{U_L}{U} = \frac{U_C}{U} = \frac{\omega_0 L}{R} = \frac{1}{\omega_0 CR} = \frac{1}{R}\sqrt{\frac{L}{C}}$$

Q 称为谐振回路的品质因数，工程中简称为 Q 值。它是一个无量纲的量。

谐振时各元件的电压相量分别为

$$\dot{U}_R = R\dot{I} = R\frac{\dot{U}}{R} = \dot{U}$$

$$\dot{U}_L = \mathrm{j}\omega_0 L\dot{I} = \mathrm{j}\omega_0 L\frac{\dot{U}}{R} = \mathrm{j}Q\dot{U}$$

$$\dot{U}_L = \frac{1}{\mathrm{j}\omega_0 C}\dot{I} = -\mathrm{j}\frac{1}{\omega_0 C}\frac{\dot{U}}{R} = -\mathrm{j}Q\dot{U}$$

电感上与电容上的电压相量之和为

$$\dot{U}_X = \dot{U}_L + \dot{U}_C = \mathrm{j}Q\dot{U} - \mathrm{j}Q\dot{U} = 0$$

可见，$\dot{U}_L$ 和 $\dot{U}_C$ 的有效值相等，相位相反，相互完全抵消，根据这一特点，串联谐振又称电压谐振。这时，外施电压全部加在电阻 R 上，电阻上的电压达到了最大值。此外，U_L 和 U_C 是外施电压的 Q 倍，因此可以用测量电容上的电压的方法来获得谐振回路的 Q 值，即

$$Q = \frac{U_C(\omega_0)}{U} = \frac{U_L(\omega_0)}{U} = \frac{\omega_0 L}{R} = \frac{1}{\omega_0 CR} = \frac{1}{R}\sqrt{\frac{L}{C}}$$

若 $Q>1$，即 $R_L<\sqrt{\dfrac{L}{C}}$，则 $U_L=U_C>U$，当 $Q\gg1$，则电路在接近谐振时，电感和电容上会出现超过外施电压 Q 倍的高电压。根据不同情况可以利用或者避免这一现象。例如，在电力系统中，如出现这种高电压是不允许的，因这将引起电气设备的损坏。而在接收机中，却利用串联谐振的特点，提高接收机的灵敏度。

2）品质因数 Q 值的物理意义及对谐振曲线的影响。谐振电路中电压和电流随频率变化的特性，如 $U_R(\omega)$、$U_L(\omega)$、$U_C(\omega)$、$I(\omega)$ 等，称为频率特性（响应），它们随频率变化的曲线称为谐振曲线。通常用输出量与输入量之比的频率特性描述。

令 $H(j\omega) = \dfrac{U_2(j\omega)}{U_1(j\omega)} = \dfrac{U_R}{U} = \dfrac{j\omega \cdot \dfrac{R}{L}}{j\omega^2 + j\omega \cdot \dfrac{R}{L} + \dfrac{1}{LC}}$ 为图 7-4 电路的频率特性函数，是一个二

阶带通函数，可以写成

$$H(j\omega) = \frac{R}{\sqrt{R^2 + \left(\omega L - \dfrac{1}{\omega C}\right)^2}} \angle -\arctan\frac{\omega L - \dfrac{1}{\omega C}}{R} = |H(j\omega)|\, e^{j\phi(\omega)}$$

式中 $|H(j\omega)| = \dfrac{R}{\sqrt{R^2 + \left(\omega L - \dfrac{1}{\omega C}\right)^2}}$ ——网络的幅频特性；

$$\phi(\omega) = -\arctan\frac{\omega L - \dfrac{1}{\omega C}}{R} \quad\text{——网络的相频特性。}$$

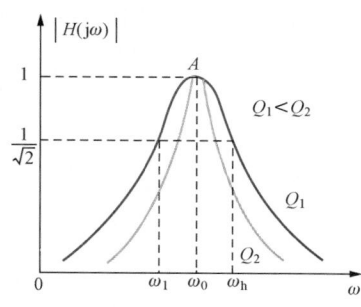

图 7-5 电路谐振时幅频特性

当电路发生谐振时，$\omega_0 L = \dfrac{1}{\omega_0 C}$，即 $\omega_0 = \dfrac{1}{\sqrt{LC}}$，$|H(j\omega_0)|=1$，其幅频特性如图 7-5 所示。

当改变输入信号的频率时，其幅频特性随之变化，当幅频特性下降到最大值的 $\dfrac{1}{\sqrt{2}}=0.707$ 时的两个频率 $\omega_h(f_h)$ 和 $\omega_l(f_l)$ 分别叫上截止频率和下截止频率。

$$\omega_h = \frac{\omega_0 + \omega_0\sqrt{1+4Q^2}}{2Q}$$

$$\omega_l = \frac{\omega_0 - \omega_0\sqrt{1+4Q^2}}{2Q}$$

令 $B=\omega_h-\omega_l$，称为网络的通频带 B。

由图可见，在谐振点处，曲线出现高峰，偏离谐振点输出逐渐下降至零，说明串联谐振电路对偏离谐振点的输出具有抑制能力，电路的这种特性称为选择性。选择性的优劣与 Q 值有

关。Q 值越大，曲线的形状越尖锐，选择性越好。

3. 实验设备

1）信号发生器　　　一台

2）电感线圈　　　20mH（1000 匝）一个，500 匝一个

3）电阻　　　　　一个　51Ω

4）电容　　　　　一个　1μF/100V

5）桥式连接插头　　若干

6）实验用插件板　　一块

4. 预习内容

1）谐振的条件、谐振时电路中的变量关系，Q 值对谐振曲线的影响。

2）根据所给电路的参数，设计各谐振电路的谐振频率及品质因数并填好表格。

3）画出实验电路的接线图。

 实验内容

1. 串联谐振

1）确定谐振频率。

按图 7-6 接线，调节交流信号源的频率，观察电阻 R 两端 U_R 的变化，当 U_R 最大时，读出此时交流信号源的频率，该频率就是串联谐振频率，并把此时的 U_R、U_L、U_C 记录在表 7-6 中，并通过计算，求出此时的 Z 和 I。

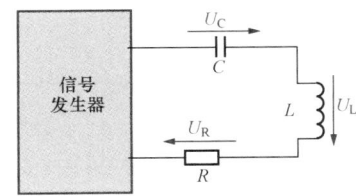

图 7-6　串联谐振实验接线

表 7-6　　　　　　　　串联谐振实验数据一

串联谐振频率 f_0（kHz）	U_R/V	U_L/V	U_C/V	Z/Ω	I/A

2）测绘谐振曲线。

3）调整交流信号源的输出电压 $u = 1.5V$，改变其频率（$f = 0.2 \sim 2.0 kHz$），分别测出不同频率时的 U_R、U_L、U_C 的大小，填入表 7-7 内。

表 7-7　　　　　　　　串联谐振实验数据二

频　　率	U_R/V	U_L/V	U_C/V	Z/Ω	I/A
0.2					
0.4					
0.6					
0.8					
1.0					
1.2					
1.4					

续表

频　率	U_R/V	U_L/V	U_C/V	Z/Ω	I/A
1.6					
1.8					
2.0					

4）根据实验测量数据在坐标纸上绘制串联谐振曲线，离谐振点较远，所取频率间隔可较稀，而在谐振点附近，频率间隔应较密。

5）计算出通频带与Q值。

6）改变电阻R的阻值，重复上述步骤，并将两曲线画在同一坐标轴上，比较两曲线异同，分析原因。

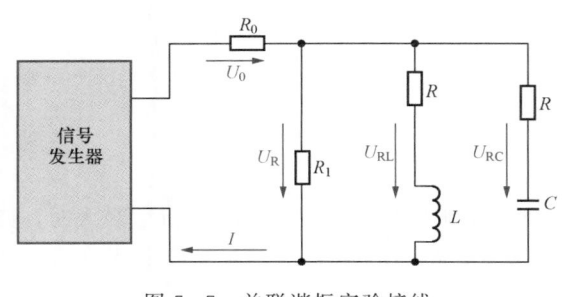

图7-7　并联谐振实验接线

2. 并联谐振

1）按图7-7接线，调节交流信号输出，保持$u=1.5V$不变，按表7-8所给数值改变电源频率f从$0.2\sim2.0kHz$，分别测量不同频率的I_R、I_L、I_C和总电流（可以分别测量R_1、R_2、R_3、R_4两端的电压，然后根据$I_R=U_{R1}/R_1$，$I_L=U_{R2}/R_2$，$I_C=U_{R3}/R_3$，$I=U_0/R_0$计算各电流大小）根据测量结果，计算不同频率的阻抗，填入表7-8中。

表7-8　　　　　　　　　　　　　并联谐振实验数据

频率（kHz）	0.2	0.4	0.6	0.8	1.0	1.2	1.6	1.8
I_R								
I_L								
I_C								
I								
Z								

2）根据实验测量数据在坐标纸上绘制谐振曲线，计算该电路谐振频率，电路发生谐振时的阻抗Z_0和电压U_0。

3. 设计电路

自行设计实验电路，用谐振理论求出一个500匝电感线圈的电感量。

 实验注意问题及实验报告要求

1. 实验注意事项

1）调节函数信号发生器的频率时应保持输出端电压值稳定。

2）函数信号发生器的输出端不能短路。

2. 思考题

1）对于电流，由实验结果的比较可以看出误差较大，考虑一下是什么原因。

2）R、L、C 串联时，X_L、X_C 的最大值为多少？在实际测定谐振曲线中，谐振时是否有 $U_R = U$（电源电压）和 $U_L = U_C$ 关系？若此两个等式不成立，试分析其原因。

3）改变电路哪些参数可以使电路发生谐振，电路中 R 值是否影响谐振频率值？

4）如何判别电路是否发生谐振？测试谐振点的方案除实验中所用还有哪些？

5）要提高 R、L、C 串联电路的品质因数，电路参数应如何改变？

3. 实验报告要求

1）整理实验数据，根据观测到的数据绘制谐振特性曲线。

2）计算出通频带与 Q 值，说明不同 R 值时对电路通频带与品质因数的影响。

3）根据实验观测结果，总结、归纳谐振的特点及 Q 值的意义。

4）回答思考题。

5）必要的误差分析、心得体会及其他。

扩展阅读 --

谐波与谐振

在电网运行中，不可避免地会产生谐波与谐振，二者既有联系，又有区别。

1. 定义

谐波是一个周期的正弦波分量，其频率为基波频率的整数倍，又称高次谐波。通俗地说，如果基波频率是 50 Hz，那么谐波就是频率为 100 Hz、150 Hz、200 Hz … $N \times 50$ Hz 的正弦波。

谐振是交流电路的一种特定工作状态，在由电阻、电感和电容组成的电路中，当电压相量与电流相量同相时，就称这一电路发生了谐振。

谐波在电网中长期存在，而谐振仅是电网某一范围内的一种异常状态。

2. 产生原因

谐波的产生是由于电网中存在着非线性负荷（谐波源），如电力变压器和电抗器、晶闸管整流设备、电弧炉、旋转电机、家用电器等，另外，当系统中发生谐振时，也要产生谐波。

谐振的发生是由于电力系统中存在电感和电容等储能元件，在某些情况下，如电压互感器铁磁饱和、非全相拉合闸、输电线路一相断线并一端接地等，部分电路中会形成谐振。

谐波也可产生谐振，由谐波源和系统中的某一设备或某几台设备可能构成某次谐波的谐振电路。

3. 危害及防治措施

由于谐波的存在，使得电压、电流的波形发生畸变，可导致变压器、旋转电机等电气设备的损耗增大；电容器绝缘老化加快，使用寿命缩短；引起系统内继电保护和自动装置误动或拒动；干扰通信信号等危害。

当电网中谐波含量超出国家规定，就必须采取措施消除或抑制谐波，电力系统多采用滤波器装置来消除谐波。

谐振可导致系统一定范围内的过电压和过电流。谐振过电压不仅危害设备的绝缘，而且产生大的零序电压分量，出现虚假接地和不正确的接地指示，并使小容量的异步电动机发生反转。持续的过电流会引起 TV 熔件熔断甚至烧毁 TV。在发生谐振时，运行人员应根据电压、电流的异常指示，判断谐振类型及可能产生的原因，并果断采取措施，防止事故扩大。

另一方面，谐振现象在无线电和电工技术中得到广泛应用，在信号接收（如收音机调谐、中频放大）、消除干扰及一些振荡器、滤波器电路中，谐振往往是其主要组成部分。

谐振在感应炉电路中也得到了广泛应用。通常在感应器线圈上要并联或串联电容器，以组成并联谐振或串联谐振电路，使感应炉工作在近似谐振状态，以求获得比较高的功率因数和效率。

实验 11　交流电路参数的测量

 **实验基础及实验准备**

1. 实验研究的目的

1）学习测量电路参数的方法。

2）加深了解 R、L、C 元件端电压与电流间的相位关系。

3）熟悉示波器的使用。

4）掌握功率表的接法和使用。

2. 实验原理

（1）电路参数：本实验中电路参数是指组成电路的元件参数。

电阻元件 R：$\dot{U} = R\dot{I}$，$\dot{U}$ 和 $\dot{I}$ 间无相位差。

电容元件 C：$\dot{U} = Z_C \dot{I} = \dfrac{1}{j\omega C}\dot{I}$，$Z_C$ 为电容的阻抗，$\dot{U}$ 和 $\dot{I}$ 间相位差 $-90°$。

电感线圈（由电阻 R_L 和电感 L 组成）：$\dot{U} = Z_L \dot{I} = (R_L + j\omega L)\dot{I}$，式中 Z_L 为电感的阻抗，若理想元件，电阻为零，$\dot{U} = Z_L \dot{I} = j\omega L \dot{I}$，纯电感 $\dot{U}$、$\dot{I}$ 之间相位差 $+90°$。

（2）参数的测量方法：

1）直接法：直接采用交流电表测量参数。

2）谐振法：利用串联谐振测量电路参数。

例：用串联谐振原理测一个电感线圈的参数。

如图 7-8 所示 R、L、C 串联电路。若使函数信号发生器输出一定频率 ω 的正弦波，调节电容 C 使电路发生谐振，此时电阻 R 上电压 U_R 最大，$\omega = \omega_0 = \dfrac{1}{\sqrt{LC}}$，$L = \dfrac{1}{\omega_0^2 C}$，由 Q 值的定义

$$Q \triangleq \frac{\rho}{R} = \frac{U_L}{U} = \frac{U_C}{U} = \frac{\omega_0 L}{R} = \frac{1}{\omega_0 CR} = \frac{1}{R}\sqrt{\frac{L}{C}}，$$ 可计算出 r_L。

3）三表法：用功率表、电压表、电流表测量电路参数。

例：用三表法测一个电感线圈的参数。

电路如图 7-9 所示。根据三表读数，由公式 $Z = |Z| \angle \varphi = R + j\omega L$，$|Z| = \dfrac{U}{I}$，$P = UI\cos\varphi = I^2 R$ 可测出线圈参数 R、L。

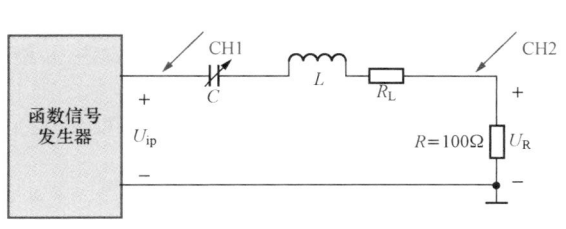

图 7-8 R、L、C 串联电路

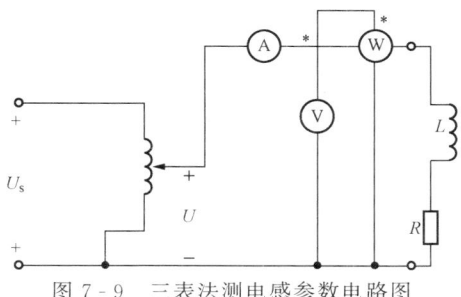

图 7-9 三表法测电感参数电路图

3. 实验设备

1) 函数信号发生器　　　一台
2) 电感线圈　　　　　　一个
3) 电阻　　　　　　　　两只（100Ω、510Ω）
4) 电容　　　　　　　　一只
5) 实验用插件板　　　　一块
6) 数字万用表　　　　　一台
7) 单相功率表　　　　　一台
8) 低压三相交流电源　　一台
9) 双踪示波器　　　　　一台
10) 连接导线　　　　　　若干

4. 预习内容

1) 正弦交流电路参数特征。电路阻抗、功率因数、感抗和容抗等概念。
2) 谐振电路参数关系，交流电路中功率关系。
3) 画出实验电路的接线图。

实验内容

1. 用电压表和示波器测一个电感线圈的参数

(1) 按图 7-10 电路接线，图中 R_L、L 为被测元件、取样电阻 $R = 510\Omega$，输入端加入正弦电压 $u_s(t) = 3 \times \sqrt{2}\cos(2\pi \times 10^3 t)$ V。用毫伏表测出取样电阻 R 两端的电压 U_R，则流过被测元件的电流 I 则可以由 R 两端电压除以 R 得到。故可以得模 $|Z| = \dfrac{U}{I}$。

$$Z = (r_L + R) + j\omega L (\Omega) = \frac{\dot{U}_i}{\dot{I}} = |Z| \angle \varphi_z$$

得 $r_L + R = |Z|\cos\varphi_z$，$\omega L = |Z|\sin\varphi_z$。

测出相位差，即可求出电感的参数

$r_L = |Z|\cos\varphi_z - R$，$L = |Z|\sin\varphi_z/\omega$，式中 $\omega = 2\pi f$。

(2) 测量相位差角的两种方法。

1) 时域法。根据两个同频率的正弦信号，比较相位差。双踪示波器测量相位差的方法。

119

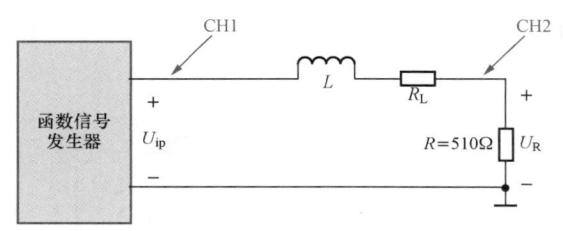

图 7 - 10　电感线圈参数测量电路

2）李沙育图形法（见图 7 - 12）。

将欲测量相位差的两个信号分别接到双踪示波器的 X 和 Y 两个输入端。接法如图 7 - 10 所示，调节示波器的有关旋钮，使示波器屏幕上出现两条大小适中、稳定的波形，如图 7 - 11 所示，显示屏上水平方向一个周期 T 占的格数假定为 n 格，相位差假定占 m 格，则实际的相位差 $\varphi = \dfrac{m}{n} \times 360°$。

$$\theta = \sin^{-1} \frac{B}{A}$$

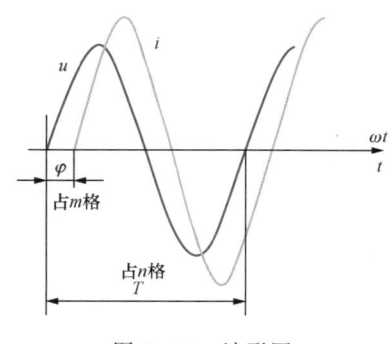

图 7 - 11　波形图

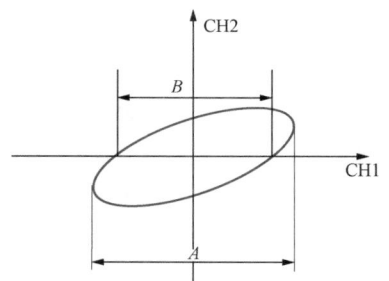

图 7 - 12　李沙育图形法

2. 三表法测电路参数

（1）测量电感线圈。

1）图 7 - 13 接线，将电路接在交流电源 220V 上，调节输出电压为一定值。

2）测量并记录三表读数，计算电路参数，将数据填入表 7 - 9 中（测量时多测几组数据，取平均值）。

（2）测量电容器的参数。

1）图 7 - 13 中用电容 C 代替电感 L 接好电路。

2）接通电源，调节电压在一定值，测量并记录表读数。

3）计算电路参数，将数据填入表 7 - 10 中。

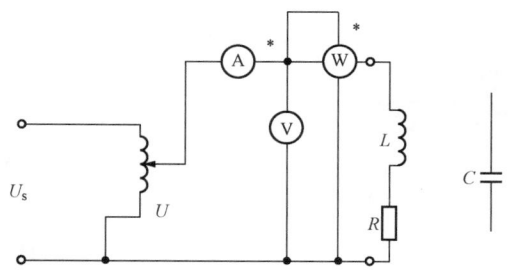

图 7 - 13　三表法测电路参数接线图

表 7 - 9　　测量电感线圈实验数据

表读数		电路参数	
电流表（A）		功率因数	
电压表（V）		L（mH）	
功率表（W）		R（Ω）	

表 7 - 10　　测量电容参数实验数据

表读数		电路参数	
电流表（A）		功率因数	
电压表（V）		C（mF）	
功率表（W）		R（Ω）	

（3）测量电感线圈和电容器串联时的阻抗。

1）图 7-13 接好电路，将 L 和 C 串联。

2）合上电源、调节电压在一定值。

3）测量计算电路参数，将数据记入表 7-11 中。

表 7-11　　　　　　　测量电感与电容串联时的阻抗实验数据

表　读　数	参　　数	功率因数	
电流表（A）		Z（Ω）	
电压表（V）		Z_L（Ω）	
功率表（W）		Z_C（Ω）	

（4）测量电感线圈和电容器并联时的阻抗。

1）按图 7-13 接好电路，将 L 和 C 并联。重复（3）中内容。

2）分析（3）、（4）所测数据，会得出什么结论？

3. 自行设计电路

用串联谐振原理测一个电感线圈的参数。

实验注意问题及实验报告要求

1. 实验注意事项

1）调压器和功率表的正确接线及使用方法。

2）在实验进行中，如需改接电路，必须将电源断开，在断开电源前，应先将调压器手柄调回零位。

3）注意表计量程的选择。

2. 思考题

1）用谐振能否测量电容器参数？

2）推导证明李沙育图形法测相位差公式 $\theta = \sin^{-1}\dfrac{B}{A}$ 。

3）功率表能否测量无功功率？

4）功率因数有何意义？为什么要提高功率因数？怎样提高？

5）如果测量电路中既有电感，也有电容，其阻抗性质不易判断，请设计用何方法进行测试？

3. 实验报告要求

1）整理实验数据，完成各项计算，分析参数关系。

2）总结参数测量方法，比较不同方法的特点。

3）总结功率表与自耦调压器的使用方法。

4）证明电感 L 和电容器 C 串联时 $Z < Z_L + Z_C$，电感和电容器 C 并联时 $Y < Y_L + Y_C$ 。

5）回答思考题。

6）必要的误差分析、心得体会及其他。

实验 12　日光灯电路及功率因数的补偿

 **实验基础及实验准备**

1. 实验研究的目的

1）熟悉交流电压表、电流表、单相有功功率表和单相电能表的使用。

2）了解日光灯电路的工作原理。

3）仔细观察并分析并联电容器对提高功率因数的作用。

2. 实验原理

1）日光灯电路。日光灯电路由日光灯灯管、镇流器、起辉器等组成。

灯管：在玻璃管内壁涂以荧光粉，管内充以氩气和少量的汞。灯管两端各装有灯丝。它需要有一瞬间的高电压帮助起燃。在正常工作时，灯管两端的电压比较低，需要有限流元件（镇流器）与它串联才能接于 220V 电源上正常工作。

镇流器（扼流圈）：为一有铁芯的电感线圈，在电路中有两个作用，一是在灯管起燃瞬间产生一高电压帮助灯管起燃，二是在正常工作时限制电路中的电流不致过大，在实验电路中属于有阻抗的感性元件。

起辉器：在充有氖气的玻璃泡内有两个电极，一个为固定电极，另一个为双金属片制成的"η"形可动电极。当两电极加一高电压时，氖气电离形成气体导电，同时伴有热量产生，使双金属片受热膨胀，而与固定电极接触。此时，气体导电停止，双金属片不再受热而收缩，恢复原来状态，起辉器在电路中起一自动开关作用。

日光灯起燃过程如下：闭合开关，此时由于日光灯未起燃而不能导电，电源电压通过镇流器、灯管灯丝施加于起辉器两极上，起辉器两极间气体导电。双金属片与固定电极接触，由于两极接触不再产生热量，双金属片冷却复原使电路突然断开。由于电路中电流突然消失，镇流器产生一较高的自感电势经回路施加于灯管两端，击穿管内的汞蒸汽，从而使灯管起燃。电流经镇流器、灯管而流通，灯管起燃后，两端压降较低，起辉器不再动作，日光灯正常工作。

由于电感的阻抗很大，消耗的无功功率就很大，这样就降低了电路的有功功率因数。为了提高功率因数，我们可以在电路负载两端并联一个电容，即利用电容的超前电流弥补电感的滞后电流，从而减小了电流与电压间的相位差，这样就提高了功率因数。

2）单相电能表。单相电能表的结构与功率表的结构相似，其中有两个线圈，一个为电流线圈，使用时需要串联在电路中；另一个为电压线圈，使用时并联在电路中。它共有五个接线端，如图 7-14 所示。

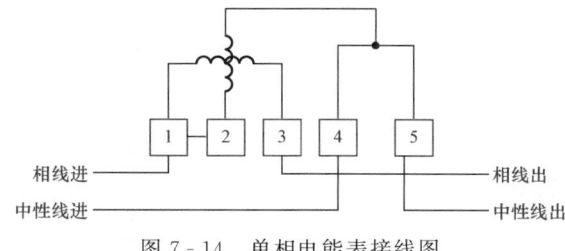

图 7-14　单相电能表接线图

3. 实验设备

1）电源板　　　　　　　　　　一块

2）熔断器板　　　　　　　　　一块

3）按钮及日光灯起辉器板　　　一块

4）日光灯管 18W　　　　　　一支

5）镇流器/电容板　　　　　　一块

6）单相有功功率表　　　　　　一只

7）单相电能表　　　　　　　　一只

8）电子式电压/电流表　　　　　一只

4. 实验预习内容

1）预习电能表及单相有功功率表的使用方法。

2）查阅资料，了解日常照明灯具的分类及特点。

3）功率因数的定义是什么？对给定的电容器，如何组合成不同电容量的电容补偿电路？

　实验内容

1）日光灯电路。按图 7-15 所示接好线路。

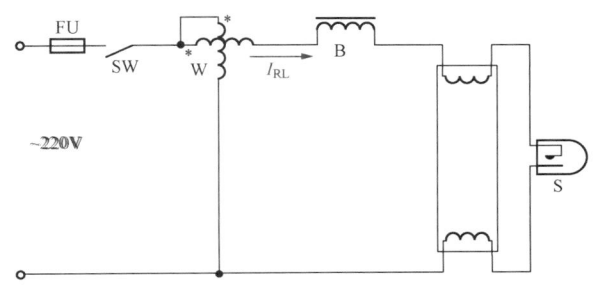

图 7-15　日光灯电路图

测量该电路中流过的日光灯的电流 I_{RL}，总电压 U 及镇流器的电压 U_{RL}，灯管两端电压 U_R，电路总功率 P，及日光灯灯管 P_R，并将测得的数据记入表 7-12 中。

表 7-12　　　　　　　　　　日 光 灯 实 验 数 据

P（W）	P_R（W）	I_{RL}（A）	U_{RL}（V）	U_R（V）	U（V）	$\cos\varphi$

2）功率因数的补偿。将电容并入电路中，如图 7-16 所示，使其分别为 1、2、3、4、5、6、7μF，记下电压 U、电路总功率 P、电路总电流 I、日光灯电流 I_{RL} 及电容器电流 I_C 并记入表 7-13 中。

　注意

测量时应找准测量点（即仪表的接入点）。

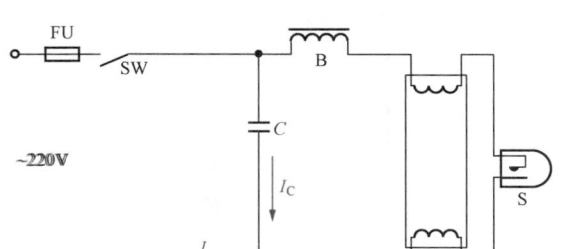

图 7-16　并联电容后日光灯电路图

表 7-13　　　　　　　　　　　　　　并联电容后日光灯实验数据

测 量 值						计算值
C（μF）	P（W）	I（A）	I_{RL}（A）	I_C（A）	U（V）	$\cos\varphi$
1						
2						
3						
4						
5						
6						
7						

3）电能表的使用。将单相电能表接入电路中，观察电能表中的转轮是否转动。

 实验注意问题及实验报告要求

1. 实验注意事项

1）电路并联电容后进行电流测量，当电容量增加到 6μF 以上时，注意电流表的量程，以免电流过大损坏仪表。

2）使用功率表测量功率时，注意观察仪表的指针偏转方向是否正确。

3）并联电容时，注意电容的并联点及电流测量点的选择。

4）在实验进行中，如需改接电路，必须将电源断开。

2. 思考题

1）对比电路中在并联电容前后，电路总功率是否改变，为什么？

2）并联适当电容对日光灯负载有什么益处？当电容值超过一定值时，功率因数有所下降，这又是为什么？电路性质有何改变？

3）在并联电容前后，电路中的哪些量（电压、电流、功率、功率因数）没有变化，哪些量发生了变化？为什么？

3. 实验报告要求

1）整理实验数据，完成各项计算。

2）总结日光灯电路的特点、分析参数关系。

3）总结功率因数补偿的方法及实现。

实验
12

4）总结单相电能表的使用方法。

5）回答思考题。

6）必要的误差分析、心得体会及其他。

扩展阅读 ----------------------

电照明的发展历史

1879 年，爱迪生发明了白炽灯，从此人类开始了电气照明时代，真正产生了照明工程学。

白炽灯只持续垄断了半个世纪。20 世纪 30 年代初，汞灯和钠灯以比白炽灯更明亮和节电的优势脱颖而出。1938 年，美国通用电子公司的伊曼发明了节电的荧光灯。这只荧光灯是一根玻璃管，管内充进一定量的水银，管的内壁有荧光粉。在灯管的管两端各有一个灯丝做电极。当通电后，首先是水银蒸汽放电，同时产生紫外线，紫外线激发管内壁的荧光物质而发出可见光。因为这种光的成分和日光很相似，所以，荧光灯俗称日光灯。

20 世纪 70 年代末，照明电器发展史上的一项重大技术创新——荧光灯交流电子镇流器问世了，接着 1980 年随着三基色稀土荧光粉的研制成功，欧洲市场上便出现了荧光灯家族的又一新成员——紧凑型荧光灯（俗称节能灯），由于使用与白炽灯同样方便，而且当其取代白炽灯使用时，可在大幅度降低能耗的同时，达到相同的光输出及光照效果，因此成为白炽灯的替代品。

电子镇流器由荷兰飞利浦公司首先研制成功。它实际上是一个高频谐振逆变器，与传统的电感式镇流器相比，它体积小，重量轻，能耗低，低电压下仍能起动和工作，无频闪和噪声。但是，该电路的工作频率高达 20～30kHz，因此有较严重的射频干扰和电磁辐射干扰，会影响其他电子仪器的正常工作，还容易对电网造成污染，尚有待于进一步的完善。

荧光灯并不能完全满足人类发展的需求，继之而起的高压钠灯、各系列的金属卤化物灯以及其他形形色色不同品种、不同型号、不同功能、不同用途的光源和灯具把地球上人迹所至之处照耀得璀璨夺目，五光十色。

随着科学技术的不断发展，人类也意识到了生存环境不断恶化所带来的后果。国外照明领域在 20 世纪 80 年代末提出了"绿色照明"的新概念，我国"绿色照明工程"的实施始于 1996 年。2003 年 6 月 17 日，国家科技部启动了"国家半导体照明工程"计划。实现这一计划的重要步骤就是要发展和推广高效、节能的 LED 照明器具，节约照明用电，减少环境及光污染。

LED 问世于 20 世纪 60 年代初，1964 年首先出现红色 LED，之后出现黄色、绿色 LED。但由于缺少三原色中的蓝色而配制不出白色 LED，因此无法用于照明光源，直到 1994 年日本 Nichia（日亚）公司被世人称为"蓝光之父"的木村发现了蓝色 LED，1996 年 Nichia（日亚）公司成功的开发出白色 LED，从此，LED 便逐渐进入照明领域。

近几年来，随着人们对半导体发光材料研究的不断深入，制造工艺的不断进步和新材料的开发、应用，使得各种颜色的超高亮度 LED 取得了突破性进展，其发光效率提高了

近千倍，色度方面也实现了可见光波长的所有颜色，其中最重要的是超高亮度白光 LED 的出现，使 LED 应用领域跨越至高效率照明市场成为可能。

　　LED 在照明市场的前景更备受全球瞩目，其中最被看好的市场是取代白炽灯和荧光灯，被业界认为在未来 10 年成为替代照明器具的最大潜力商品。据国际权威机构预测，21 世纪将进入以 LED 为代表的新型照明光源时代，被称为第四代光源。

实
验
12

第8章 三相交流电路及耦合电感电路实验

本章主要内容有：三相电路星形负载和三角形负载时电路特性分析实验；三相电路的功率测量实验；互感现象及耦合电感电路的特性分析实验；变压器特性分析实验；耦合电路同名端判别方法等。

实验 13 三相交流电路分析

实验基础及实验准备

1. 实验研究目的

1）学习将负载作星形和三角形的正确连接方法。

2）加深理解三相对称负载星形连接时，线电压（流）和相电压（流）的关系。

3）加深理解三相四线制中负载不对称时中线的作用。

4）加深理解三相对称负载三角形联结时，线电压（流）和相电压（流）的关系。

5）学会三相电路故障的诊断。

2. 实验设备

1）低压三相变压器　　　　　　　一台

2）白炽灯泡　　　　　　　　　　六只 24V/1.5W

3）万用表　　　　　　　　　　　一只

4）实验插件板　　　　　　　　　一块

5）连接导线与桥形跨接接线　　　若干

3. 实验预习内容

1）三相电路的特点、连接方法。

2）三相星形、三角形电路的线电压（流）和相电压（流）的关系。

3）三相四线制电路的特点。

实验内容

1. 三相负载的星形联结

1）用三个白炽灯按图 8-1 接线，相电压 $U_p=18V$，测量三相对称负载星形联结有中线的各线电压。负载的相电压、各线电流、相电流、中线电流，测量结果填入表 8-1 中。

2）将图 8-1 中电路的中线断开，测量三相对称负载星形联结在三线制时的各线电压、负载相电压、各线电流、相电流、中线电流，测量结果填入表 8-1 中。

3）用六个 12V/3W 的白炽灯按图 8-2 接线，测量三相不对称负载星形联结在有中线时的各线电压、负载相电压、各线电流、相电流、中线电流，测量结果填入表 8-1 中。

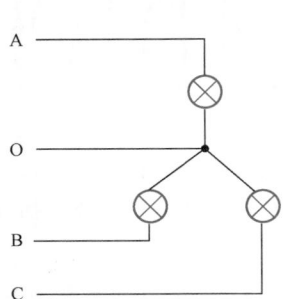

图 8-1 三相对称负载的星形联结

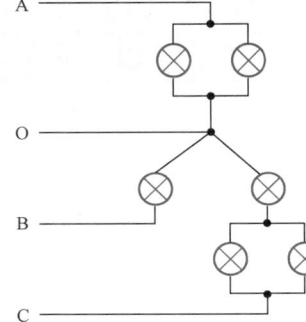

图 8-2 三相不对称负载的星形联结

表 8-1　　　　　　　三相负载星形联结实验数据一

测量项 分 类		线电压			负载相电压			线（相）电流			中线电流
		U_{ab}	U_{bc}	U_{ca}	U_a	U_b	U_c	I_a	I_b	I_c	I_o
对称负载	有中线										
	无中线										
不对称 负 载	有中线										
	无中线										

4）将图 8-2 中的中线断开，测量三相不对称负载星形联结在有中线时的各线电压、负载相电压、各线电流、相电流、中线电流，测量结果填入表 8-2 中（此步骤请快速进行）。

5）将图 8-2 电路中的 A 相负载断开（断开电源，取下 A 相的白炽灯），测量有中线时各线电压、负载相电压、各线电流、相电流、中线电流，结果填入表 8-2 中。

6）在上一步骤中断开中线，测量三线制 A 相断路时各线电压、负载相电压、各线电流、相电流、中线电流，测量结果填入表 8-2 中。

7）在图 8-2 的电路中，断开中线，将 A 相负载短路（断开电源，用一根导线将 AO 短接）测量各负载相电压、各线电流、相电流、中线电流，测量结果填入表 8-2 中。

表 8-2　　　　　　　三相负载星形联结实验数据二

测量项 分 类		线电压			负载相电压			线（相）电流			中线电流
		U_{ab}	U_{bc}	U_{ca}	U_a	U_b	U_c	I_a	I_b	I_c	I_o
A 相断开	有中线										
	无中线										
A 相短路	有中线										
	无中线										

2. 三相负载三角形联结

1）将 6 个白炽灯按图 8-3 连接，相电压 $U_1=18V$，测量三相对称负载三角形联结时的各线电压、线电流、负载线电流，测量结果填入表 8-3 中。

2）对称负载的某一相（A 相）断开（在 AB 之间拔掉一个白炽灯），其他两相仍接通，重新测量各线电压、线电流、负载相电流，测量结果填入表 8 - 3 中。

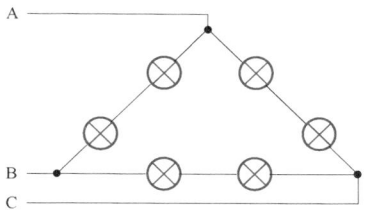

3) 将变压器与负载 A 相之间的 A 线断开，各相负载仍按步骤 1 连接，测量各线电压、线电流、负载相电流，测量结果填入表 8 - 3 中。

4) 上述负载对称时，每相负载为相同规格的两白炽灯串联而成，现把 A 相换成一个 18V 的白炽灯，再测量各线电压、线电流、负载相电流，测量结果填入表 8 - 3 中。

图 8 - 3　三相负载三角形联结

表 8 - 3　　　　　　　　　　三相负载三角形联结实验数据

测 量 项 分 类	线（相）电压			负载相电流			线电流		
	U_{ab}	U_{bc}	U_{ca}	I_{ab}	I_{bc}	I_{ca}	I_a	I_b	I_c
负载对称									
对称负载的一相断路									
A 端线断开									
负载不对称									

实验注意问题及实验报告要求

1. 实验注意事项

1) 注意仪表量程的选择，以免损坏仪表。

2) 在实验进行中，如需改接电路，必须将电源断开。

2. 思考题

1) 在什么情况下，三相正弦电路中 $I_1 = \sqrt{3} I_p$ 的关系才成立？

2) 根据实验结果，先画出电源正序时的各线电压相量，再画出三角形负载不对称时的各相电流相量，然后由相量图求出线电流，并与实验结果进行比较。

3) 一盏额定电压为 220V，功率 100W 灯泡，若接入三相线电压为 380V 电源时，应如何接入，若接入三相线电压为 220V 电源时，应如何接入才能保证其正常工作？

3. 实验报告要求

1) 整理实验数据，完成各项计算。

2) 总结三相星形电路的特点、分析参数关系。

3) 总结三相三角形电路的特点、参数关系。

4) 回答思考题。

5) 必要的误差分析、心得体会及其他。

实验
13

实验 14　三相功率的测量

实验基础及实验准备

1. 实验研究目的

1）掌握三相电路有功功率的测量方法。

2）掌握单相对称电路无功功率的测量方法。

3）学会三相电能表和三相功率表的使用。

2. 实验原理

1）三相电路有功功率的测量。三相对称负载的"一表法"：对三相对称负载，测量一相负载的功率，将功率表的读数乘上三倍即是三相总的功率了。

三相不对称负载的"一表法"：对三相负载逐一进行测量，各相功率之和即为三相总功率。

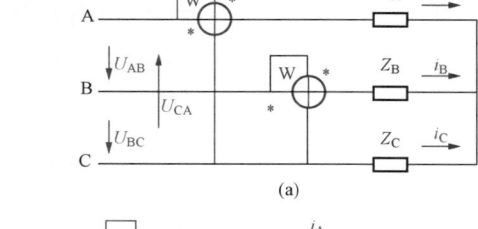

2）三相三线制负载的"二表法"：电路的连接如图 8-4 所示。设两个功率表的读数分别为 P_1、P_2，则

$$p_1 = u_{AC} \cdot i_A = (u_A - u_C)i_A$$
$$p_2 = u_{BC} \cdot i_B = (u_B - u_C)i_B$$
$$p_1 + p_2 = u_A i_A - u_C i_A + u_B i_B - u_C i_B$$
$$= u_A i_A + u_B i_B + u_C(-i_A - i_B)$$
$$= u_A i_A + u_B i_B + u_C i_C$$
$$= p_A + p_B + p_C$$

取其在一个周期内的平均值：$P_1 + P_2 = P_A + P_B + P_C$，即两个功率表的读数和等于三相电路的总功率。

三相电路无功功率的测量——"一表跨相法"。

在对称的三相电路中用一个功率表

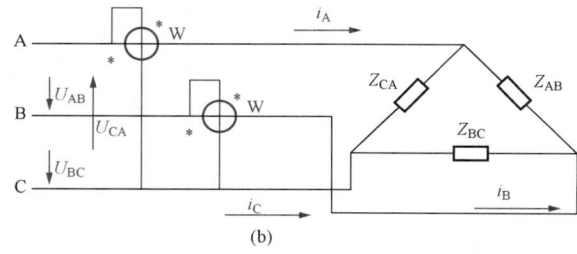

图 8-4　三相三线制负载的"二表法"电路

（a）星形联结；（b）三角形联结

如图 8-5 所示连接，就可以测量三相负载的无功功率。功率表的读数乘上 $\sqrt{3}$ 就得到三相总无功功率，因为通过功率表电流线圈得电流是 I_A，电压线圈两端的电压是 U_{BC}、U_{BC} 和 I_A 的相位差是（$90° - \varphi$），如图 8-6 所示。所以功率表的读数是

$$U_{BC} \times I_A \times \cos(90° - \varphi) = U_1 I_1 \sin\varphi$$

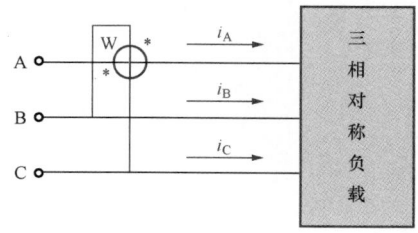

图 8-5　三相对称负载"一表跨相法"无功功率测量

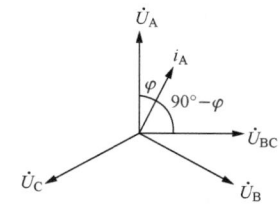

图 8-6　相量图

而无功功率 $Q=\sqrt{3}U_1I_1\sin\varphi$

这种方法只适用于对称负载。

3．实验设备

1）单相有功功率表	一只
2）三相有功功率表	一只
3）三相电能表	一只
4）白炽灯	230V/25W　六个
5）电感线圈	三个
6）万用表	两只
7）连接导线和桥形跨接导线	若干

4．实验预习内容

1）三相电路的功率分析。

2）三相电路的功率测量方法。

3）三相功率表的使用方法。

实验内容

1．测量三相电阻负载星形联结时的有功功率

（1）根据实验的需要，按图 8‑7 的原理分别接成：

1）相对称电路，每相为两个 230V/25W 的白炽灯，并接有中线。

2）三相不对称电路（A、B 相不变，C 相中的一个白炽灯换成 230V/60W 的白炽灯）接中线。

3）三相不对称电路不接中线。

4）在测量有功功率之前先测量电流，以便正确地选择功率表的量程。

（2）根据表 8‑4 分别用单相功率表、三相功率表测量各相功率及总的有功功率并填入表8‑4中。

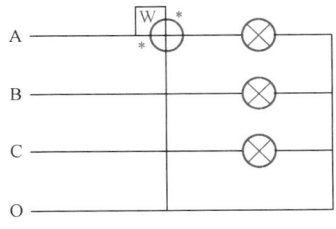

图 8‑7　星形负载"一表法"功率测量

表 8‑4   **星形联结有功功率测量实验数据**

负　　载		一表法			总有功功率	三相功率表
		$P_1(\text{W})$	$P_2(\text{W})$	$P_3(\text{W})$	W	W
对称负载						
不对称负载	有中线					
	无中线					

2．测量三相电阻负载三角形联结时的有功功率

（1）根据实验的需要，按图 8‑8 的原理分别接成：

1）三相对称电路，每相为两个 230V/25W 的白炽灯。

2）三相不对称电路（AB、BC 相不变，CA 相中的一个白炽灯换成 230V/60W 的白炽灯）。

（2）在测量有功功率之前先测量电流，以便正确地选择功率表的量程。

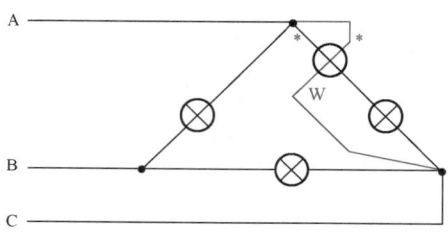

图 8-8　三角形负载"一表法"功率测量

（3）分别用单相功率表、三相功率表测量各相功率及总的有功功率并填入表 8-5 中。

表 8-5　　　　　　　　　三角形联结有功功率测量实验数据

	一表法			总有功功率	三相功率表
	$P_1(\mathrm{W})$	$P_2(\mathrm{W})$	$P_3(\mathrm{W})$	W	W
对称负载					
不对称负载					

3．三相无功功率的测量

1）按图 8-9 的原理将电路接成三相对称的负载三角形联结的电路。其中电感元件是实验台上的交流接触器的线圈。

2）在测量无功功率之前先测量电流，以便正确地选择功率表的量程。

3）根据表 8-6 分别用单相功率表、三相功率表测量各相功率及总的无功功率并填入表 8-6 中。

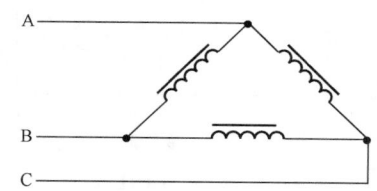

图 8-9　三相无功功率的测量

表 8-6　　　　　三相无功功率测量实验数据

	一表跨相法	二表法
	$Q_1(\mathrm{var})$	$Q_2(\mathrm{var})$
测量值		
计算值		

4．三相电能表的连接

如图 8-10 所示，将三相电能表接入电路中，观察电能表的运转情况。

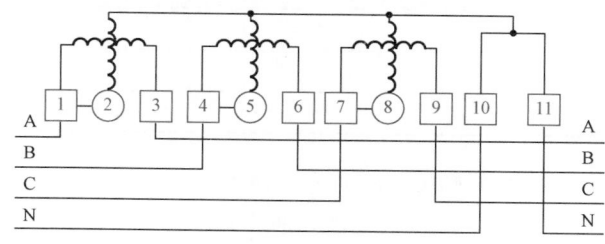

图 8-10　三相电能表接线图

实验注意问题及实验报告要求

1．实验注意事项

1）注意仪表量程的选择，以免损坏仪表。

2）在实验进行中，如需改接电路，必须将电源断开。

3）在测量功率之前先测量电流，以便正确地选择功率表的量程。

4）使用功率表测量功率时，注意观察仪表的指针偏转方向是否正确。

2．思考题

1）三相电路瞬时功率平衡指的是什么？

2）三相不对称负载星形联结时，有无中线对负载功率有没有影响？为什么？

3）"一表跨越法"测无功功率可否用于不对称负载电路？为什么？

3．实验报告要求

1）整理实验数据，完成各项计算。

2）分析三相电路的功率特点。

3）总结三相电路功率测量方法。

4）回答思考题。

5）必要的误差分析、心得体会及其他。

实验 15　互感及变压器实验

实验基础及实验准备

1．实验目的

1）理解互感现象及其铁芯材料对磁场的作用。

2）学会测试变压器的外特性、变比、空载电流等。

3）学会测定同名端的方法。

2．实验设备

1）绕组	5mH 一个、20mH 两个
2）铁芯	若干
3）电阻	51Ω 两个、200Ω 一个、390Ω 一个
4）万用表	两只
5）连接导线与桥形跨接线	若干
6）实验用插件板	一块

3．预习内容

1）互感现象及互感电路。

2）空心变压器和理想变压器。

3）根据实验内容画出实验接线图，并分析可能出现的现象。

实验内容

1．互感现象

1）任选 2 个绕组，按图 8-11 相邻摆放。将绕组 1 接至交流电，用万用表测量绕组 2 的电压。

2）将测量结果填入表 8-7 中。

3）在两个绕组之间加一块铁芯，重复上一步骤。

4）在两个绕组之间加两块铁芯，重复上一步骤。

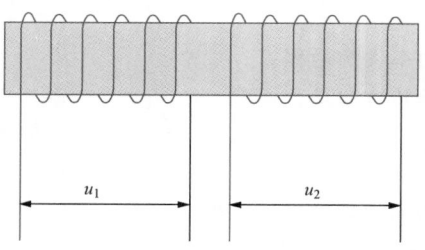

图 8-11 互感现象实验

表 8-7 互感现象实验数据

	6V	12V	18V
空心			
1 个铁芯			
2 个铁芯			

5）根据实验数据分析实验结果，可得出什么结论？

2. 变压器特性实验

（1）电压变换。

1）将 5mH 绕组和 20mH 绕组各一只按图 8-12 接线，组成变压器。

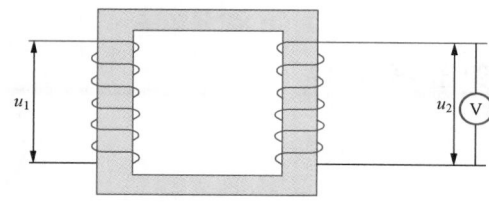

图 8-12 变压器电压变换实验接线

2）将 5mH 绕组作为一次侧，接到 6、12V 交流电源上，20mH 绕组为二次侧，用万用表测量其电压，将测量结果填入表 8-8 中。

3）将 20mH 绕组作为一次侧，接到 6、12V 交流电源上，5mH 绕组为二次侧，用万用表测量其电压，将测量结果填入表 8-8 中。

表 8-8 变压器特性实验数据

参数	5mH 为一次侧		20mH 为一次侧	
一次电压（V）	6	12	6	12
二次电压（V）				
电压比				

4）根据实验数据分析实验结果，可得出什么结论？

（2）电流变换。

1）将 5mH 绕组和 20mH 绕组各一只按图 8-13 接线。

2）将 5mH 绕组作为一次侧，接到 12V 交流电源上，20mH 绕组为二次侧，根据图 8-13 的要求在二次侧接不同的负载电阻，用万用表测量一、二次绕组的电流，将测量结果填入表 8-9 中。

3）将 20mH 绕组作为一次侧，接到 12V 交流电源上，5mH 绕组为二次侧，根据表 8-9 的要

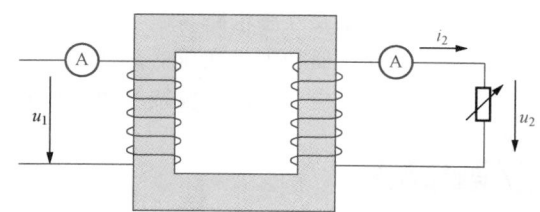

图 8-13 变压器电流变换实验接线

求在二次侧接不同的负载电阻，用万用表测量一、二次绕组的电流，将测量结果填入表 8 - 9 中。

4）根据实验数据分析实验结果，可得出什么结论？

表 8 - 9　　　　　　　　　　　　变压器电流变换实验数据

负载电阻（Ω）		0	51	102	200	390	∞
5mH 为一次侧	一次电流						
	二次电流						
20mH 为一次侧	一次电流						
	二次电流						
一次电流/二次电流							

（3）变压器同名端的测量。

1）将一个 500 匝绕组为一次侧，两个 1000 匝绕组为二次侧，按图 8 - 14 接线。分别测量二次侧两个绕组的电压及其总电压，将测量结果填入表 8 - 10 中。

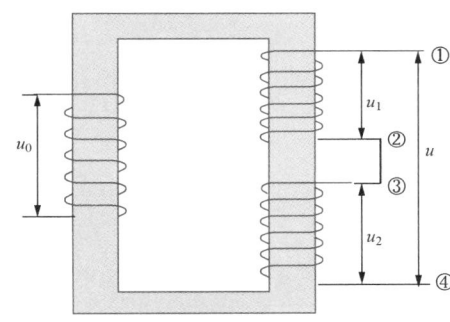

图 8 - 14　变压器同名端测量实验接线（一）

表 8 - 10　　　　变压器同名端测量实验数据

	u_1	u_2	u	u_0
连接 1				
连接 2				

2）改变二次侧绕组的连接方式，如图 8 - 15 所示，分别测量二次侧两个绕组的电压及其总电压，将测量结果填入表 8 - 10 中。

3）根据实验数据分析实验结果，可得出什么结论？

4）用串联谐振原理测量一个互感器的等效电感 L_{eq}。画出实验线路图，写出实验步骤。

5）试用两种方法，测定绕组和绕组之间的互感系数 M。画出实验线路图，写出实验步骤。

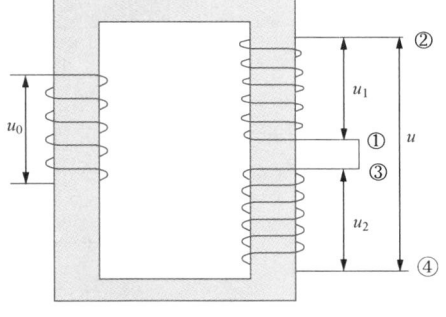

图 8 - 15　变压器同名端测量实验接线（二）

 **实验注意问题及实验报告要求**

1. 思考题

1）在电压相同的情况下，如果把一个直流电磁铁接到交流上使用，或者把一个交流电磁铁接到直流上使用，将会发生什么结果。

2）当电源频率低于 50Hz 时，对实验误差有什么影响？

3）测量同名端的方法还有哪些？列举两种。

实验
15

2. 注意事项

1) 注意仪表量程的选择，以免损坏仪表。

2) 在实验进行中，如需改接电路，必须将电源断开。

3) 在测量过程中注意线圈的方向和位置。

3. 报告要求

1) 整理实验数据，根据观测到的现象结果讨论互感现象与哪些因素有关。

2) 对自行设计实验写出实验方法、内容，画出实验电路。

3) 总结变压器的参数关系、同名端的测试方法。

4) 回答思考题。

5) 必要的误差分析、心得体会及其他。

扩展阅读 -

1. 判断互感器同名端的方法

（1）交流法。如图 8-16 所示，将两个绕组的任意两端（如 2、4 端）联在一起，用毫伏表分别测量 U_{12}、U_{34} 和 U_{13}。

若 $U_{13} = U_{12} - U_{34}$，则"1"、"3"是同名端。

若 $U_{13} = U_{12} + U_{34}$，则"1"、"4"是同名端。

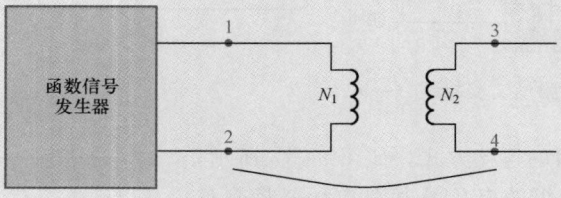

图 8-16　交流法测互感器同名端

（2）直流法。如图 8-17 所示，当开关闭合瞬间，DCV 读数为正，则"1"、"3"是同名端；若 DCV 读数为负，则"1"、"4"是同名端。

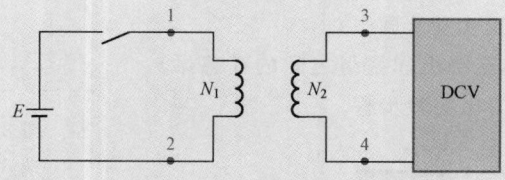

图 8-17　直流法测互感器同名端

2. 变压器

变压器（Transformer）是利用电磁感应原理工作的一种静止电器，它利用电磁感应作用，把一种形式的交流电能转换为另一种形式的同频率的交流电能。变压器只能对交流电的电压、电流进行变换，而不能改变交流电的频率。变压器最主要构件是绕组和铁芯。主要功能有电压变换、电流变换、阻抗变换、安全隔离、稳压（磁饱和变压器）等。按用途可分为配电变压器、电力变压器、调压器、电炉变压器、整流变压器、仪用互感器等。

在发电机中，不管是绕组运动切割磁场还是磁场运动通过固定绕组，均能在绕组中感应电动势，此两种情况，磁通的值均不变，但与绕组相交链的磁通数量却有变动，这是互感应的原理。变压器就是一种利用电磁互感应来变换电压、电流和阻抗的器件。变压器的最基本形式，包括两组彼此以电感方式耦合在一起的绕组。当交流电流（具有某一已知频率）流入其中一组绕组时，于另一组绕组中将感应出具有相同频率之交流电压，而感应电压的大小取决于两绕组耦合及磁交链之程度。一般把连接交流电源的绕组称之为一次绕组，而跨于此绕组的电压称之为一次电压。在二次绕组的感应电压可能大于或小于一次电压，是由一次绕组与二次绕组间的匝数比所决定的。因此，变压器区分为升压与降压变压器两种。

大部分的变压器均有固定的铁芯，其上绕有一次与二次绕组。基于铁磁材料的高导磁性，大部分磁通量局限在铁芯里，因此，两组绕组借此可以获得相当高程度的磁耦合。在一些变压器中，绕组与铁芯二者间紧密地结合，其一次与二次电压的比值几乎与二者之绕组匝数比相同。因此，变压器绕组的匝数比，一般可作为变压器升压或降压的参考指标。由于具有升压与降压的功能，使得变压器已成为现代化电力系统的重要组成部分，提升输电电压使得长途输送电力更为经济，而降压变压器，使得电力应用更加多元化。

专门用来做试验用的变压器称为试验变压器，可分为充气式、油浸式、干式等型式，是发电厂、供电系统及科研单位等用来做交流耐压试验的基本试验设备，用于对各种电气产品、电器元件、绝缘材料等进行规定电压下的绝缘强度试验。

实验
15

第 9 章

二端口网络分析实验

本章主要内容有：二端口网络特性分析及描述参数的测试；二端口电路元件—回转器和负阻抗变换器的特性分析及电路构成。

实验 16　二端口网络特性测试

 **实验基础及实验准备**

1．实验目的

1）加深理解二端口网络的基本理论。

2）掌握直流二端口网络参数的测量技术。

3）验证二端口级联网络参数间的关系。

2．实验原理

一个网络 N，具有一个输入端口和一个输出端口，网络由集总、线性、时不变元件构成，

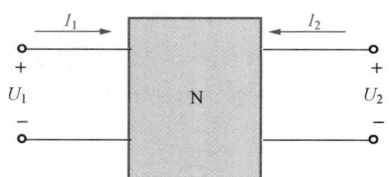

图 9-1　二端口网络

其内部不含有独立电源（可以含有受控源）且初始条件为零，称为二端口网络，如图 9-1 所示。

因为电压、电流容易测量，且根据端口特性的不同，有的端口只能是压控，有的端口只能是流控，有的端口既是压控又是流控。因此，一般而言，用不同的激励来表示响应有如下一些表达式

1）阻抗参数 $[Z(S)]$

$$\begin{bmatrix} U_1(S) \\ U_2(S) \end{bmatrix} = \begin{bmatrix} Z_{11}(S) & Z_{12}(S) \\ Z_{21}(S) & Z_{22}(S) \end{bmatrix} \begin{bmatrix} I_1(S) \\ I_2(S) \end{bmatrix} \tag{9-1}$$

互易条件：$Z_{12}(S) = Z_{21}(S)$

2）导纳参数 $[Y(S)]$

$$\begin{bmatrix} I_1 \\ I_2 \end{bmatrix} = \begin{bmatrix} y_{11} & y_{12} \\ y_{21} & y_{22} \end{bmatrix} \begin{bmatrix} U_1 \\ U_2 \end{bmatrix} \tag{9-2}$$

互易条件：$Y_{12} = Y_{21}$

3）混合参数 $[H(S)]$

$$\begin{bmatrix} U_1 \\ I_2 \end{bmatrix} = \begin{bmatrix} h_{11} & h_{12} \\ h_{21} & h_{22} \end{bmatrix} \begin{bmatrix} I_1 \\ U_2 \end{bmatrix} \tag{9-3}$$

互易条件：$h_{12} = -h_{21}$

混合参数的另一种表达方式为

$$\begin{bmatrix} I_1 \\ U_2 \end{bmatrix} = \begin{bmatrix} g_{11} & g_{12} \\ g_{21} & g_{22} \end{bmatrix} \begin{bmatrix} U_1 \\ I_2 \end{bmatrix} \tag{9-4}$$

互易条件：$g_{12} = -g_{21}$

4）传输参数

$$\begin{bmatrix} U_1 \\ I_1 \end{bmatrix} = \begin{bmatrix} A & B \\ C & D \end{bmatrix} \begin{bmatrix} U_2 \\ -I_2 \end{bmatrix}$$ (9-5)

互易条件：$AD - BC = 1$

传输参数的另一表达方法为

$$\begin{bmatrix} U_2 \\ I_2 \end{bmatrix} = \begin{bmatrix} A' & B' \\ C' & D' \end{bmatrix} \begin{bmatrix} U_1 \\ -I_1 \end{bmatrix}$$ (9-6)

互易条件是：$A'D' - B'C' = 1$

常用的是式（9-1）、式（9-2）、式（9-3）和式（9-5）这四种，一个二端口网络根据给定的条件的不同，会采用不同的参数表示二端口，如 $Z(S)$ 主要用于电阻网络；$Y(S)$ 主要用于高频电路；$H(S)$ 主要用于低频电路；传输参数主要用于通信系统和电子系统。

3．实验设备

1）稳压电源　　　　　根据设计实验方法选取
2）直流仪表　　　　　根据设计实验方法选取
3）电阻　　　　　　　六个，根据设计实验方法选取阻值
4）连接导线　　　　　若干
5）实验用插件板　　　一块

4．预习内容

1）二端口网络特性、参数及连接方式。
2）根据要求写出实验方法，并分析相关参数关系。

 **实验内容**

1．二端口电阻网络参数测量

用六个电阻设计两个不同的二端口电阻网络，并分别测量其 Z 参数、Y 参数和传输参数。要求：

1）写出实验方法、步骤，画出数据表格记录所有实验数据；
2）分析参数和组成二端口网络的电阻阻值之间有何联系？

2．二端口电阻网络连接

将两个二端口网络级联，测量级联后的等效二端口网络的传输参数。要求：

1）写出实验方法、步骤，画出数据表格记录所有实验数据；
2）验证二端口网络级联时传输参数之间的关系。

3．测试二端口器件理想变压器和晶体管的参数

二端口理想变压器的电路图如图 9-2 所示。要求：

1）写出实验方法、步骤；
2）画出数据表格记录所有实验数据，写出具体参数值（提示：先分析器件特性用何参数描述）。

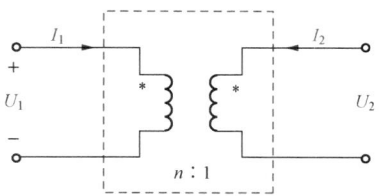

图 9-2　理想变压器电路图

电工技术实验(第二版) 实验篇

实验注意问题及实验报告要求

1. 实验注意事项

1) 注意选择测量仪表及仪表的量程。

2) 两个二端口网络级联方式。

2. 思考题

1) 二端口网络连接的方式有哪几种？连接前后的端口参数有何关系？

2) 理想变压器、晶体管器件参数有何特点？是否所有的参数形式都存在？

3. 实验报告要求

1) 写出实验方法、步骤，整理实验数据。

2) 分析实验数据，列写测量参数方程。

3) 总结、归纳二端口网络的测试技术。

4) 回答思考题。

5) 必要的误差分析、心得体会及其他。

实验 17　回转器与负阻抗变换器

实验基础及实验准备

1. 实验目的

1) 研究回转电路、负阻抗变换器的原理及特性。

2) 学习回转器、负阻抗变换器的运放实现形式及测试方法。

3) 学习回转器、负阻抗变换器的应用。

4) 并通过负阻器加深对负电阻（阻抗）特性的认识。

2. 实验原理

（1）回转器。

1) 回转器的原理特性。回转器是一种无源且非互易的二端口元件，它的电路符号如图 9-3 所示。

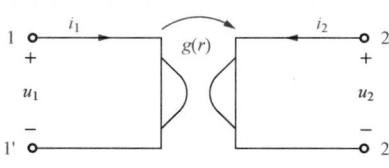

图 9-3　理想回转器电路符号

理想回转器端口方程

$$i_1 = gu_2 \quad (u_2 = ri_1)$$
$$i_2 = -gu_1 \quad (u_1 = -ri_2)$$

式中，g 为回转电导，r 为回转电阻，$g = \dfrac{1}{r}$。

如果回转方向相反，$g \to (-g)$

$$i_1 = -gu_2$$
$$i_2 = -(-g)u_1 = gu_1$$

$$Y = \begin{bmatrix} 0 & g \\ -g & 0 \end{bmatrix} \quad Y_{12} \neq Y_{21} \text{不可逆，不满足互易定理}$$

$$Z = \begin{bmatrix} 0 & -r \\ r & 0 \end{bmatrix} \quad Z_{12} \neq Z_{21} \text{不可逆，不满足互易定理}$$

140

若在回转器 2-2′端口接以负载阻抗 Z_L，则在 1-1′端口看入的输入阻抗为

$$Z_{in1} = \frac{U_1}{I_1} = \frac{-rI_2}{I_1} = \frac{-rI_2}{U_2/r} = \frac{-r^2 I_2}{U_2} = \frac{-r^2 I_2}{-Z_L I_2} = \frac{r^2}{Z_L}$$

如果负载阻抗 Z_L 在 1-1′端口，则从 2-2′端口看入的等效阻抗为

$$Z_{in2} = \frac{U_2}{I_2} = \frac{rI_1}{-U_1/r} = \frac{r^2 I_1}{-U_1} = \frac{r^2 I_1}{Z_L I_1} = \frac{r^2}{Z_L}$$

由上可见，回转器的一个端口的阻抗是另一端口的阻抗的倒数（乘上一定比例常数），且与方向无关（即具有双向性质）。利用这种性质，回转器可以把一个电容元件"回转"成一个电感元件或反之。

例如在 2-2′端口接入电容 C，在正弦稳态条件下，即 $Z_L = \frac{1}{j\omega C}$，则在 1-1′端口看入的等效阻抗为

$$Z_{in1} = \frac{r^2}{Z_L} = j\omega r^2 C = j\omega L_{eg}$$

式中，$L_{eg} = r^2 C$ 为 1-1′端口看入的等效电感。

同样，在 1-1′端口接入电容 C，在正弦稳态条件下，从 2-2′看进去的输入阻抗 Z_{in2} 为

$$Z_{in2} = \frac{U_2}{I_2} = \frac{rI_1}{I_2} = \frac{rI_1}{-U_1/r} = -r^2 \cdot \frac{I_1}{U_1} = -r^2 \cdot \frac{I_1}{-I_1 \cdot \frac{1}{j\omega C}} = r^2 \cdot j\omega C = j\omega L_{eg}$$

式中，$L_{eg} = r^2 C$。可见回转器具有双向特性。

回转器具有的这种能方便地把电容"回转"成电感的性质在大规模集成电路生产中得到重要的应用。

回转器是一个无源元件。这可以证明如下，按回转器的定义公式，有

$$P_1 + P_2 = U_1 I_1 + U_2 I_2 = -rI_2 I_1 + rI_1 I_2 = 0$$

上式说明回转器既不发出功率又不消耗功率。

一般来说，线性定常无源双口网络满足互易定理，而回转器虽然也是属于线性定常无源网络，但并不满足互易定理。这一点可以简单论证如下。参照图 9 - 4，如果在 1-1′端口送入电流 $I_1 = 1A$，则在 2-2′端口开路时，有 $I_2 = 0$，而 $U_2 = rV$。反之，在 2-2′端口送入电流 $\hat{I}_2 = 1A$，在 1-1′端口的开路电压 $\hat{U}_1 = -rV$。可见 $\hat{U}_1 \neq U_2$，即不满足互易定理。

2）回转器的构成方法。回转器可以用多种方法来构成。现介绍一种基本构成方法。把回转器的导纳矩阵分解为

$$Y = \begin{bmatrix} 0 & g \\ -g & 0 \end{bmatrix} = \begin{bmatrix} 0 & g \\ 0 & 0 \end{bmatrix} + \begin{bmatrix} 0 & 0 \\ -g & 0 \end{bmatrix}$$

这样就可以用两个极性相反的电压控制电流源构成回转器，如图 9 - 4 所示。

本实验使用的回转器由两个运算放大器组成，如图 9 - 5 所示。假设：

• 运算放大器是理想运算放大器，即：输入阻抗 $Z_i \to \infty$，流入两个输入端的电流为零，电压放大倍数 $A \to \infty$，两个输入端的电压相等（虚短路）。

• 回转器的输入幅度不超过允许值，以保证运算放大器在线性区工作。

根据以上假设，则图 9 - 5 中有

$$U_{O1} = \left(1 + \frac{Z_2}{Z_1}\right) U_2$$

实验
17

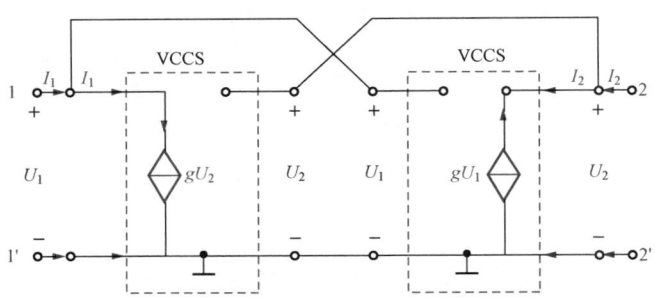

图 9 - 4　电流源构成回转器

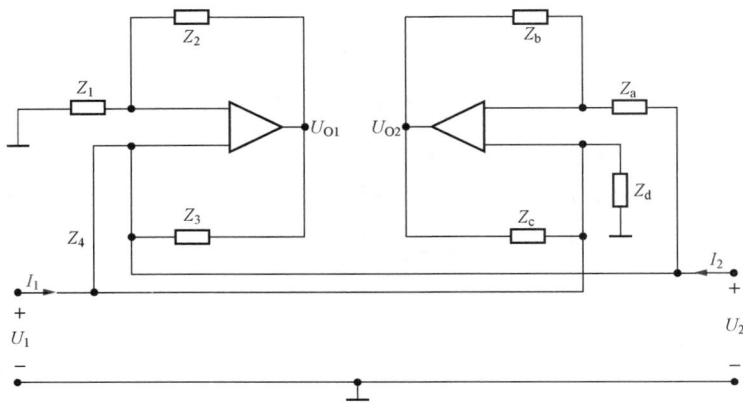

图 9 - 5　运算放大器构成回转器

$$U_{O2} = \left(1 + \frac{Z_b}{Z_a}\right)U_1 + \left(-\frac{Z_b}{Z_a}\right)U_2$$

容易推导图 9 - 5 二端口网络的电压、电流矩阵方程如下

$$\begin{bmatrix} I_1 \\ I_2 \end{bmatrix} = \begin{bmatrix} \dfrac{1}{Z_d} + \dfrac{1}{Z_4} - \dfrac{Z_b}{Z_a Z_c} & \dfrac{Z_b}{Z_a Z_c} - \dfrac{1}{Z_4} \\[2mm] -\dfrac{1}{Z_4} - \dfrac{1}{Z_a} & \dfrac{1}{Z_a} + \dfrac{1}{Z_4} - \dfrac{Z_2}{Z_1 Z_3} \end{bmatrix} \begin{bmatrix} U_1 \\ U_2 \end{bmatrix}$$

已知回转器的电压、电流矩阵方程为

$$\begin{bmatrix} I_1 \\ I_2 \end{bmatrix} = \begin{bmatrix} 0 & g \\ -g & 0 \end{bmatrix} \begin{bmatrix} U_1 \\ U_2 \end{bmatrix}$$

比较以上两个矩阵方程，应有

$$\frac{1}{Z_d} + \frac{1}{Z_4} - \frac{Z_b}{Z_a Z_c} = 0, \quad \frac{1}{Z_a} + \frac{1}{Z_4} - \frac{Z_2}{Z_1 Z_3} = 0,$$

$$\frac{Z_b}{Z_a Z_c} - \frac{1}{Z_4} = g, \quad -\frac{1}{Z_4} - \frac{1}{Z_a} = -g$$

现选定

$$Z_1 = Z_d = R_1 = 1\text{k}\Omega, \quad Z_2 = Z_3 = Z_c = R_2 = 100\Omega,$$

$$Z_4 = Z_a = R_3 = 2\text{k}\Omega, \quad Z_b = R_4 = 300\Omega$$

则回转电导为

$$g = \frac{1}{Z_a} + \frac{1}{Z_a} = \frac{1}{R_3} + \frac{1}{R_3} = \frac{1}{1000}(\text{S})$$

或回转阻为

$$r = \frac{1}{g} = 1\text{k}\Omega$$

（2）负阻抗变换器。

1）负阻抗变换器的原理特性。负阻抗变换器（NIC）是一种二端口器件，如图 9-6 所示。

通常，把端口 1-1′处的 U_1 和 I_1 称为输入电压和输入电流，而把端口 2-2′处的 U_2 和 $-I_2$ 称为输出电压和输出电流。U_1、I_1 和 U_2、I_2 的指定参考方向如图 9-6 所示。根据输入电压和电流与输出电压和电流的相互关系，负阻抗变换器可分为电流反向型（CNIC）和电压反向型（VNIC）两种。

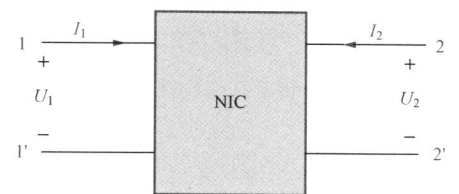

图 9-6　负阻抗变换器

负阻抗变换器端口特性用传输参数描述，其端口方程为

对于 CNIC，有

$$\begin{bmatrix} U_1 \\ I_1 \end{bmatrix} = \begin{bmatrix} 1 & 0 \\ 0 & k_1 \end{bmatrix} \begin{bmatrix} U_2 \\ -I_2 \end{bmatrix}$$

式中，k_1 为正的实常数，称为电流增益。由上式可见，输出电压与输入电压相同，但实际输出电流 $-I_2$ 不仅大小与输入电流 I_1 不同（为 I_1 的 $1/k_1$ 倍）而且方向也相反。

对于 VNIC，有

$$\begin{bmatrix} U_1 \\ I_1 \end{bmatrix} = \begin{bmatrix} -k_2 & 0 \\ 0 & 1 \end{bmatrix} \begin{bmatrix} U_2 \\ -I_2 \end{bmatrix}$$

式中，k_2 是正的实常数，称为电压增益。由上式可见，输出电流 $-I_2$ 与输入电流 I_1 相同，但输出电压 U_2 不仅大小与输入电压 U_1 不同（为 U_1 的 $1/k_2$ 倍）而且方向也相反。

若在 NIC 的输出端口 2-2′接上负载 Z_L，则有 $U_2 = -I_2 Z_L$。

对于 CNIC，从输入端口 1-1′看入的阻抗为

$$Z_{in1} = \frac{U_1}{I_1} = \frac{U_2}{k_1 I_2} = -\frac{1}{k_1} Z_L$$

对于 VNIC，从输入端口 1-1′看入的阻抗为

$$Z_{in1} = \frac{U_1}{I_1} = \frac{-k_2 U_2}{-I_2} = k_2 \frac{U_2}{I_2} = -k_2 Z_L$$

若倒过来，把负载 Z_L 接在输入端口 1-1′，则有 $U_1 = -I_1 Z_L$。

对于 CNIC，从输出端口 2-2′看入，有

$$Z_{in2} = \frac{U_2}{I_2} = \frac{U_1}{\frac{1}{k_1} I_1} = \frac{k_1 U_1}{I_1} = -k_1 Z_L$$

对于 VNIC，从输出端口 2-2′看入，有

$$Z_{in2} = \frac{U_2}{I_2} = \frac{-\frac{1}{k_2} U_1}{-I_1} = \frac{U_1}{k_2 I_1} = -\frac{1}{k_2} Z_L$$

综上所述，NIC 是这样一种二端口器件，它把接在一个端口的阻抗变换成另一端口的负阻抗。

2）实验用负阻抗变换器的构成。实用上通常采用运算放大器来实现 NIC。本实验所用的 CNIC 即由线性集成运算放大器构成，在一定的电压、电流范围内具有良好的线性度，其原理电路如图 9-7 所示。

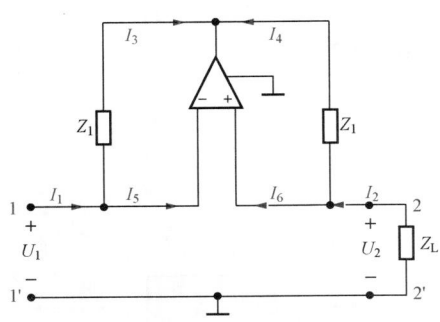

图 9 - 7　负阻抗变换器原理电路

我们把选用的运算放大器作为理想运算放大器来处理，则根据理想运算放大器的以下性质：应有

$$U_1 = U_2, I_3 Z_1 = I_4 Z_2, I_1 = I_3 \text{ 和 } I_2 = I_4$$

因此，得 $I_1 = \dfrac{Z_2}{Z_1} I_2 = k_1 I_2$，其中 $k_1 = Z_2/Z_1$ 为电流增益。

输入端口 1-1′ 看入的阻抗为

$$Z_{\text{in1}} = \frac{U_1}{I_1} = \frac{U_2}{k_1 I_2} = -\frac{1}{k_1} Z_L$$

取 $Z_1 = R_1 = 1\text{k}\Omega$，$Z_2 = R_2 = 300\Omega$，得

$$k_1 = \frac{R_2}{R_1} = \frac{300}{1000} = \frac{3}{10}$$

当 $Z_L = R_L$ 时，$Z_{\text{in1}} = -\dfrac{1}{k_1} Z_L = -\dfrac{10}{3} R_L$；

当 $Z_L = \dfrac{1}{\text{j}\omega C}$ 时，$Z_{\text{in1}} = -\dfrac{1}{k_1} Z_L = -\dfrac{10}{3} \dfrac{1}{\text{j}\omega C} = \text{j}\omega L'$，其中，$L' = \dfrac{10}{3} \times \dfrac{1}{\omega^2 C}$；

当 $Z_L = \text{j}\omega L$ 时，$Z_{\text{in1}} = -\dfrac{1}{K_1} Z_L = -\dfrac{10}{3} \text{j}\omega L = \dfrac{1}{\text{j}\omega C'}$，其中，$C' = \dfrac{3}{10} \times \dfrac{1}{\omega^2 L}$。

3. 实验设备

1）数字万用表　　　　　　　　一台
2）函数发生器　　　　　　　　一台
3）晶体管毫伏表　　　　　　　一台
4）双踪示波器　　　　　　　　一台
5）直流稳压稳流电源　　　　　一台
6）电位器　　　　　　　　　　两个
7）线圈　　　　　　　　　　　一个
8）电容器　　　　　　　　　　一个

4. 预习内容

1）回转器的特性方程以及阻抗逆变的性质。
2）负阻抗变换器的特性及其应用。

实验内容

1. 回转器实验

（1）测定回转电阻。

1）按图 9 - 8 接线。接通电源，检查 ±15V 电压，当电源接入正常时方可进行实验。

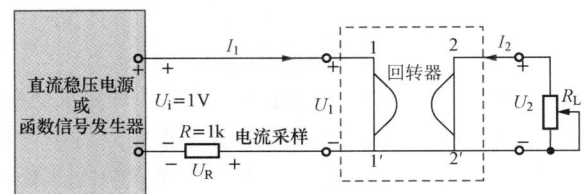

图 9 - 8　回转电阻测定实验接线

2）调节 R_L 为 500Ω～20kΩ 范围内不同值时分别测量 U_1、U_2 及 U_R，计算回转电阻 r_a。将测量数据记入表 9-1 中，并计算出回转电阻 r。取算术平均值，回转电阻可由下式求出 $r = \sum_{i=1}^{n} r_{ai}/n(\Omega)$。

表 9-1　　　　　　　　　　　　　　回转电阻测量实验数据

$R_L(\Omega)$	500	1k	2k	4k	10k	20k	40k	50k
$U_1(V)$								
$U_R(V)$								
$I_1 = U_R/R(mA)$								
$U_2(V)$								
$I_2 = -U_2/R_L(mA)$								
$r_1 = U_2/I_1(\Omega)$								
$r_2 = -U_2/I_2(\Omega)$								
$r_a = (r_1 + r_2)/2(\Omega)$								
r								

3）注意事项。实验时既可采用直流稳压源提供的直流电压又可采用函数发生器提供的正弦交流电压。当采用直流电源时，输入电压和输入电流应分别不超过 3V 和 3mA；当采用交流电源时，输入电压和输入电流的有效值应分别小于 2V 和 2mA，频率可固定在 200Hz。

（2）用回转器和电容来模拟电感。

1）按图 9-9 接线，函数发生器选定正弦波输出。

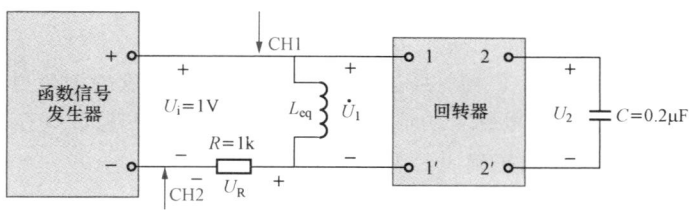

图 9-9　CH2 倒相

2）调节函数发生器输出电压使 $U_i = 1V$，在 200Hz～1kHz 范围内变化函数发生器频率（注意：频率变化时，负载变化，U_i 会有变化），用晶体管毫伏表测量在不同频率值时的 U_i、U_1 及 U_R 将数据记入表 9-2 中，并计算出等效电感 L_{eg}。

表 9-2　　　　　　　　　　　　　记　录　数　据

测量值＼频率（Hz）	200	300	400	500	600	700	800	900	1000
$U_i(V)$									
$U_1(V)$									
$U_R(V)$									
$I_1 = U_R/R(mA)$									

实验
17

续表

测量值 ＼ 频率（Hz）	200	300	400	500	600	700	800	900	1000
$L'_{eg}=U_1/\omega I_1$（H）									
$L_{eg}=r^2C$（H）									
$\Delta L=(L'_{eg}-L_{eg})$（H）									

3）验证非互易性。自行设计电路验证回转器不满足互易性。写出实验方法、步骤。

2. 负阻抗变换器

1）根据原理说明，自行设计负阻抗变换器。

2）应用负阻抗变换器实现负电阻。

3）应用负阻抗变换器实现负电容。

4）画出上述电路图。

 **实验注意问题及实验报告要求**

1. 实验注意事项

1）实验中一定要注意正确的接线±15V电源要同时开闭，更换实验内容时，必须首先关断实验板的直流电源。

2）实验中只有在波形是正波时，回转器的工作才正常。

2. 思考题

1）理想回转器由有源器件（运算放大器）构成，为什么称回转器为无源元件？从实验数据能否证明回转器的无源性？

2）测量回转电阻（电导）时，如果使用正弦信号和示波器，如何测出回转电阻，画出实验线路图。

3）从负阻抗变换角度看，2-2′端口接正电容，从1-1′端口看进去为负电容，如果2-2′端口接正电感，1-1′端口看进去为负电感。从示波器观察相位关系时发现负电容即为正电感，那么负电感应当是正电容，这种说法正确吗？为什么？

4）戴维南定理是否适用于含负电阻的有源端口？

3. 实验报告要求

1）整理实验数据，根据测量结果算出回转常数 r，并与理论值比较。

2）对自行设计实验写出实验方法步骤，画出数据表格，并整理分析实验结果。

3）总结回转器的性质、特点和应用。

4）总结负阻抗变换器的性质、特点和应用。

5）回答思考题。必要的误差分析、心得体会及其他。

第10章

电动机控制实验

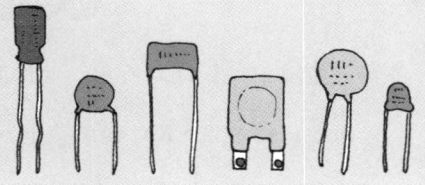

本章主要内容有：电动机的单向转动控制实验；电动机正、反转控制；行程开关进行自动往返控制实验；电动机Y—△减压起动控制实验；电动机反接制动控制实验；电动机能耗制动控制实验。通过实验，使学生了解电动机基本的控制线路及相关应用。

实验 18 电动机单向转动控制

 **实验基础及实验准备**

1. 实验目的

1) 熟练掌握电动机单向转动控制线路的接线方法。

2) 掌握电动机单向转动控制线路的工作原理。

3) 掌握所选用低压电器的结构和使用方法。

2. 实验原理

1) 点动控制电路的工作原理。如图 10-1（a）所示，图中有主电路和控制电路两部分。

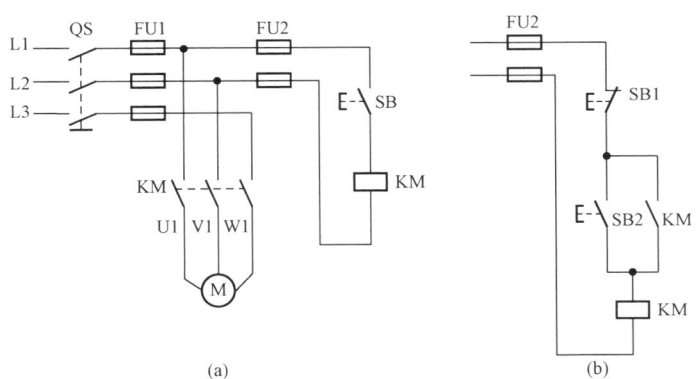

图 10-1 电动机单向转动控制电路

（a）点动控制电路；（b）具有自锁的正转控制电路

主电路是从三相电源端点 L1、L2、L3 引来，经过电源开关 QS，熔断器 FU1 和接触器三对主触头 KM 到电动机。

控制电线是有由二相熔断器、交流接触器线圈 KM 组成的电路，它控制主电路的通或断。电路动作原理如下：

起动：按下按钮 SB→接触器 KM 线圈获电→KM 主触头闭合→电动机 M 运转。

停转：放开按钮 SB→接触器 KM 线圈断电→KM 主触头分断→电动机 M 停转。

2) 具有自锁的正转控制电路的工作原理。与点动控制电路图不同之处在于控制电路中增加了一只停止按钮 SB1，一副接触器的动合辅助触头 KM 与起动按钮 SB2 并联，控制电动机的停转，如图 10-1（b）所示。动作原理如下：

起动：按 SB2→KM 线圈获电→┌→KM 动合辅助触头闭合自锁
　　　　　　　　　　　　　　└→KM 动合主触头闭合→电动机运转

松开按钮 SB2，由于接在按钮 SB2 两端的 KM 动合辅助触头闭合自馈，控制回路仍保持接通，电动机 M 继续运转。

停止：按 SB2→KM 线圈断电释放→┌→KM 动合辅助触头断开
　　　　　　　　　　　　　　　　└→KM 动合主触头断开→电动机停止运转

这种当起动按钮 SB2 断开后，控制回路仍能自行保持接通的线路，叫自馈（或自保）的控制线路，与起动按钮 SB2 并联的这一副动合辅助触头 K 叫做自馈（或自保）触头。

具有自馈控制线路的另一个重要特点是它具有欠电压与失电压（或零压）保护作用。

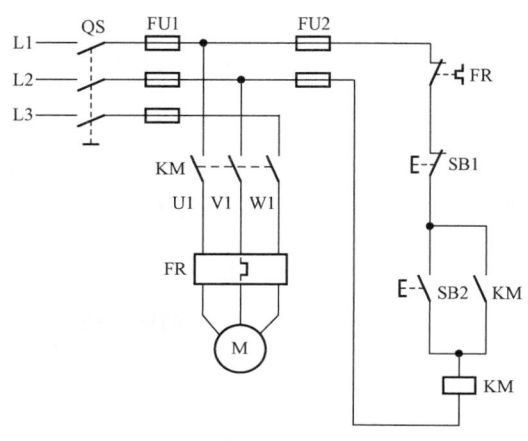

图 10-2　具有过载保护的正转控制电路

3）具有过载保护的正转控制。如图 10-2 所示，图中 FR 为热继电器，它的热元件接在电动机的主回路中，动断触头则串接在控制回路中。

电动机在运行过程中，如果过载或其他原因，使负载电流超过其额定值时，经过一定时间（其时间长短由过载电流的大小决定），使串接在控制回路中的动断触头断开，从而切断控制回路，接触器 KM 的线圈断电，主触头分断，电动机 M 便脱离电源停转，要等热继电器的双金属片冷却恢复原来状态后，电动机才能重新进行工作，达到了过载保护的目的。

3．实验设备

1）三相电源开关板	一块
2）三相熔断器板	一块
3）二相熔断器板	一块
4）交流接触器板	一块
5）热继电器板	一块
6）按钮板	一块
7）三相交流电动机	一台
8）导线与短接桥	若干

4．预习内容

1）低压电器的结构原理。

2）电动机单向转动控制线路及工作原理。

实验内容

（1）按实验原理图连接好线路，并按主电路和控制电路，仔细查对电路。

（2）确定电路无误后，在电源开关断开的情况下，用万用表检查线路，顺序如下：

1）点动电路的测量法：用数字万用表的 20kΩ 或 200kΩ 挡（指针式万用表用 R×10 挡），

把表笔接到控制电路电源的两端，这时万用表应指示超量程；当按下 SB 时，显示屏有数字显示（或指针有偏转），其数值等于 KM 的线圈电阻值；当松开 SB 时，显示屏又指示超量程（或电表指针又回到最大数值）。再检查主回路，可用螺丝刀按下 KM 使其主触头闭合，然后用万用表电阻挡测绕组电阻值。若有短路或开路的情况，可检查主触头是否接触不良或接线错误。

2）具有自锁的正转控制的测量：检查方法同 1）。

3）具有过载保护的正转控制：其检查方法同 1）。

（3）将控制电路通电，依照单向起动电路的工作原理分步实验。

 **实验注意问题及实验报告要求**

1. 实验注意事项

1）接线及检查线路时注意断电。

2）注意低压电器的使用。

2. 思考题

1）按图 10-3 中各控制线路接线，并说明会出现哪些现象？

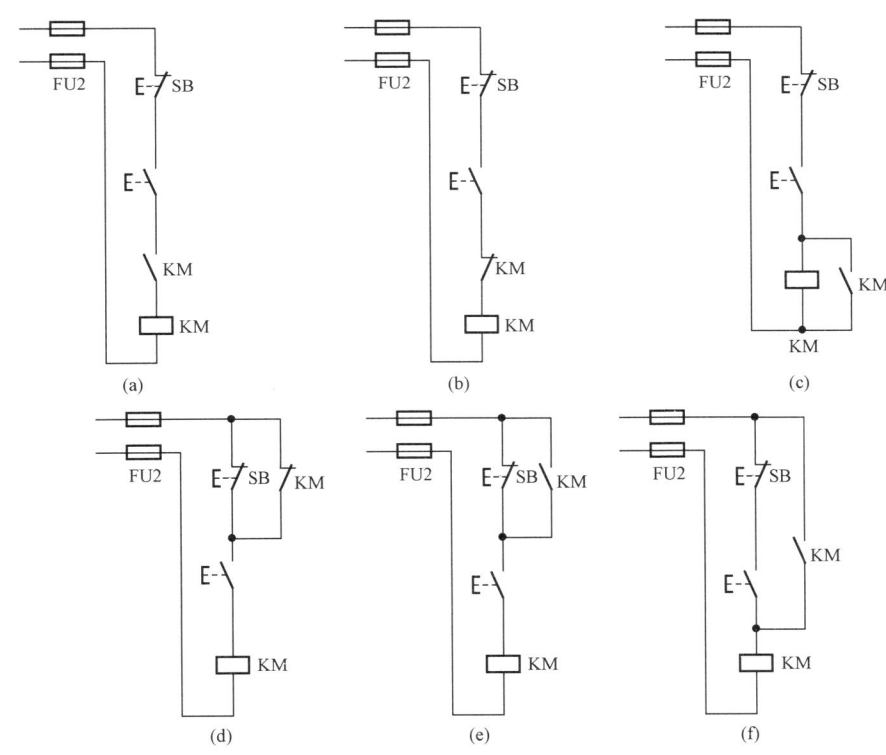

图 10-3　控制线路接线

（a）～（f）接线 1～6

2）试设计能两地控制同一台电动机的控制线路。

3. 实验报告要求

1）整理实验内容，根据实验结果分析实验现象。

2）回答思考题。

3）心得体会及其他。

 扩展阅读 ---

1. 电动机的发明

电动机使用了通电导体在磁场中受力的作用的原理，发明这一原理的是丹麦物理学家奥斯特（1777～1851年），他曾对物理学、化学和哲学进行过多方面的研究。1820年4月终于发现了电流对磁针的作用，即电流的磁效应。同年7月21日以《关于磁针上电冲突作用的实验》为题发表了他的发现。这篇短短的论文使欧洲物理学界产生了极大震动，导致了大批实验成果的出现，由此开辟了物理学的新领域——电磁学。

1821年英国科学家法拉第完成了一项重大的电发明。在这两年之前，奥斯特已发现如果电路中有电流通过，它附近的普通罗盘的磁针就会发生偏移。法拉第从中得到启发，认为假如磁铁固定，线圈就可能会运动。根据这种设想，他成功地发明了一种简单的装置。在装置内，只要有电流通过线路，线路就会绕着一块磁铁不停地转动。事实上法拉第发明的是第一台电动机，是第一台使用电流将物体运动的装置。虽然装置简陋，但它却是今天世界上使用的所有电动机的祖先。

这是一项重大的突破，只是它的实际用途还非常有限，因为当时除了用简陋的电池以外别无其他方法发电。

1834年俄国人雅可比试制出了由电磁铁构成的直流电动机，1838年，这种电动机曾开动了一艘船，电动机由320个电池驱动。此外，1836年，美国的达文波特和英国的戴比特逊也造出了直流电动机，用作印刷机的动力设备。这些电动机都采用电池作为电源，所以都未能普及。

直到第一台实用直流发动机问世，电动机才有了广泛应用。1870年比利时工程师格拉姆发明了直流发电机，在设计上，直流发电机和电动机很相似。后来，格拉姆证明向直流发电机输入电流，其转子会像电动机一样旋转。于是，这种格拉姆型电动机大量制造出来，效率也不断提高。与此同时，德国的西门子也制造了更好的发电机，并着手研究由电动机驱动的车辆，于是西门子公司制成了世界第一辆电车。但当时的电动机全是直流电机，只限于驱动电车。

1888年南斯拉夫出生的美国发明家特斯拉发明了交流电动机。它是根据电磁感应原理制成，又称感应电动机，这种电动机结构简单，使用交流电，无需整流，无火花，因此被广泛应用于工业的家庭电器中，交流电动机通常用三相交流供电。

1902年瑞典工程师丹尼尔森首先提出同步电动机构想。同步电动机工作原理同感应电动机一样，由定子产生旋转磁场，转子绕组用直流供电，转速固定不变，不受负载影响。因此同步电动机特别适用于钟表，电唱机和磁带录音机。

2. 热过载继电器

热过载继电器简称热继电器，是一种利用电流热效应原理工作的电器，具有与电动机容许过载特性相近的反时限动作特性，主要与接触器配合使用，用于对三相异步电动机的过电流和断相保护。

三相异步电动机在实际运行中，常会遇到因电气或机械原因等引起的过电流（过载和断相）现象。但只要过电流不严重，持续时间短，绕组不超过允许温升，这种过电流是允许的，如果过电流情况严重，持续时间较长，则会加速电动机绝缘老化，甚至烧毁电动机。因此，在电动机回路中应设置电动机保护装置。常用的电动机保护装置种类很多，但使用最多、最普遍的是双金属片式热过载继电器。目前，双金属片式热过载继电器均是三相式，并有带断相保护和不带断相保护两种。

热继电器具有结构简单、体积小、价格低和保护性能好等优点。按动作方式分为三种：

1）双金属片式。利用双金属片（用两种膨胀系数不同的金属，通常为锰镍、铜轧板制成），受热弯曲去推动执行机构动作。

2）热敏电阻式。利用电阻值随温度变化而变化的特性制成的热继电器。

3）易熔合金式。利用过载电流发热使易熔合金达到某一温度时，合金熔化而使继电器动作。

除此之外，按电流调节方式热继电器可分为有电流调节与无电流调节（借更换热元件来达到改变整定电流值）两类；按温度补偿可分为有温度补偿与无温度补偿两类；按复位方式可分为自动复位和手动复位两类；按极数可分为单极、双极和三极三种。其中三极又包括带有断相保护装置和不带断相保护装置两类。

实验 19　电动机正、反转控制

 **实验基础及实验准备**

1. 实验目的

1）熟练掌握正、反转控制电路的安装与接线方法。

2）掌握正、反转控制线路的工作原理及应用。

2. 实验原理

（1）接触器联锁的正、反转控制电路工作原理。如图 10-4 所示。图中采用两个接触器，KM1、KM2，如设定 KM1 为正转，则 KM2 为反转。当 KM1 的三副主触头接通时，三相电源的相序按 L1—L2—L3 接入电动机。而 KM2 的三副主触头接通时，三相电源的相序按 L3—L2—L1 接入电动机。所以当两个接触器分别工作时，电动机正、反两个方向转动。

线路要求接触器 KM1 和 KM2 不能同时通电，否则它们的主触头同时闭合，将造成 L1、L3 两相电源短路，为此在 KM1 与 KM2 线圈各自的控制回路中相互串联了对方的一副动断辅助触头，以保证两接触器不会同时通电吸合。KM1 与 KM2 这两副动断辅助触头在线路中所起

实验
19

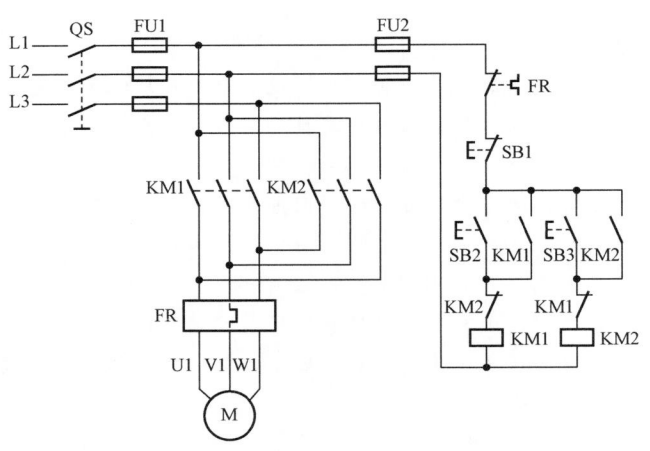

图 10 - 4　接触器联锁的正、反转控制电路

的作用称为联锁（或互锁）作用，这两副动断触头就叫做联锁触头。

控制线路动作原理如下：

1）正转控制：

按 SB2→KM1 线圈获电→
- →KM1 自锁触头闭合
- →KM1 主触头闭合→电动机 M 正转
- →KM1 联锁触头断开，以保证 KM2 不能获电

2）反转控制：

电动机 M 失电

先按 SB1→KM1 线圈失电→
- →KM1 自锁触头分断
- →KM1 主触头分断→电动机 M 停转
- →KM1 联锁触头闭合

再按 SB2→KM2 线圈获电→
- →KM2 自锁触头闭合
- →KM2 主触头闭合→电动机 M 反转
- →KM2 联锁触头断开，以保证 KM1 不能获电

（2）按钮联锁正反转控制。如图 10 - 5 所示。按钮联锁的控制线路与接触器联锁的控制线路基本相似。只是在控制回路中将复合按钮 SB2 与 SB3 的动断触头作为联锁触头，分别串接在 KM1 与 KM2 的控制回路中。

当要电动机反转时，按下反转按钮 SB3，首先使串接在正转回路中的 SB3 动断触头分断，于是 KM1 的线圈断电释放，电动机断电作惯性运行；紧接着再往下按 SB3，使 KM2 的线圈通电，电动机立即反转起动。这样可以不按停止按钮而直接按反转按钮进行反转控制。同样，由反转运行转换到正转运行时也只要直接按 SB2 即可。

（3）按钮、接触器复合联锁正反转控制。电路工作原理如图 10 - 6 所示：在控制回路中将按钮联锁与接触器联锁结合在一起使用。这种电路操作方便，安全可靠。

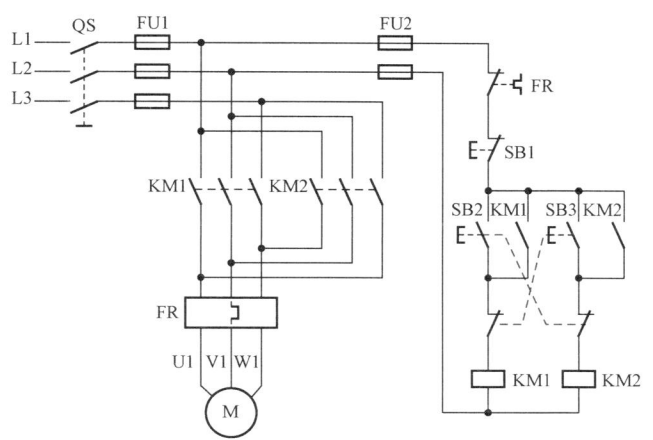

图 10 - 5　按钮联锁的正、反转控制电路

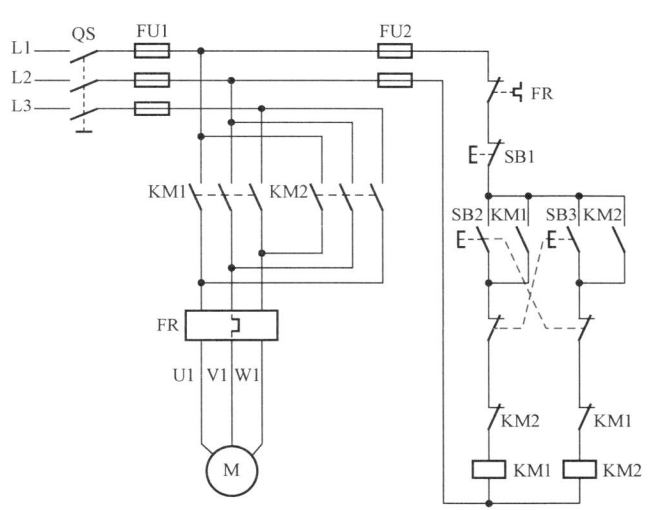

图 10 - 6　接触器、按钮复合联锁的正、反转控制电路

控制线路动作原理如下：

1）正转控制。

按 SB2→KM1 线圈获电→
- →KM1 自锁触头闭合
- →KM1 主触头闭合→电动机 M 正转
- →KM1 联锁触头断开

2）反转控制。

按 SB3→KM1 线圈失电→电动机 M 失电→KM1 联锁触头闭合。

再往下按 SB3→KM2 线圈获电→
- →KM2 自锁触头闭合
- →KM2 主触头闭合→电动机 M 反转
- →KM2 联锁触头断开

实验

19

3. 实验设备

1) 三相电源开关板	一块
2) 三相熔断器板	一块
3) 二相熔断器板	一块
4) 交流接触器板	两块
5) 热继电器板	一块
6) 按钮板	一块
7) 三相交流电动机	一台
8) 导线与短接桥	若干

4. 预习内容

1) 电动机正、反转控制电路及工作原理。

2) 低压电器的使用及电气控制线路的接线方法。

 实验内容

(1) 按实验原理图连接好线路,并按主电路和控制电路仔细查对电路。

(2) 确定电路无误后,在电源断开的情况下,用万用表检查线路,顺序如下:

1) 接触器联锁的正反转控制电路测量法

用数字万用表的 20kΩ 或 200kΩ 挡(指针式万用表用 R×10 挡),把表笔接到控制电路电源的两端,这时万用表应指示超量程(或万用表指针不动)。当按下 SB2 时,显示屏有数字显示(或指针有偏转),其数值等于 KM1 的线圈电阻值;当松开 SB2 时,显示屏又指示超量程(或万用表指针又回到最大数值)。当按下 SB3 时,显示屏有数字显示(或指针有偏转),其数值等于 KM2 的线圈电阻值;当松开 SB3 时,显示屏又指示超量程(或指针又回到最大数值)。

控制电路检查无误后,再检查主电路。可用螺丝刀分别按下 KM1 和 KM2 的铁芯,使其主触头闭合,然后用万用表电阻挡分别测"Y"形定子绕组中三相绕组电阻值。若有短路或开路的情况,可检查主触头是否接触不良或接线错误。

2) 按钮联锁正反转控制电路的测量法:其检查方法同 1)。

3) 按钮、接触器复合正反转控制电路的测量法:其检查方法也同 1)。

(3) 将控制电路通电,分步实验,观察其是否有联锁作用,能否正反转。

 实验注意问题及实验报告要求

1. 实验注意事项

1) 接线及检查线路时注意断电。

2) 注意低压电器的使用。

2. 思考题

1) 图 10-7 中各控制线路是否正确?并说明会出现哪些现象?

2) 试设计图 10-4 控制电路中加入正、反转点动控制的混合控制电路。

3. 实验报告要求

1) 整理实验内容,根据实验结果分析实验现象。

2) 回答思考题。

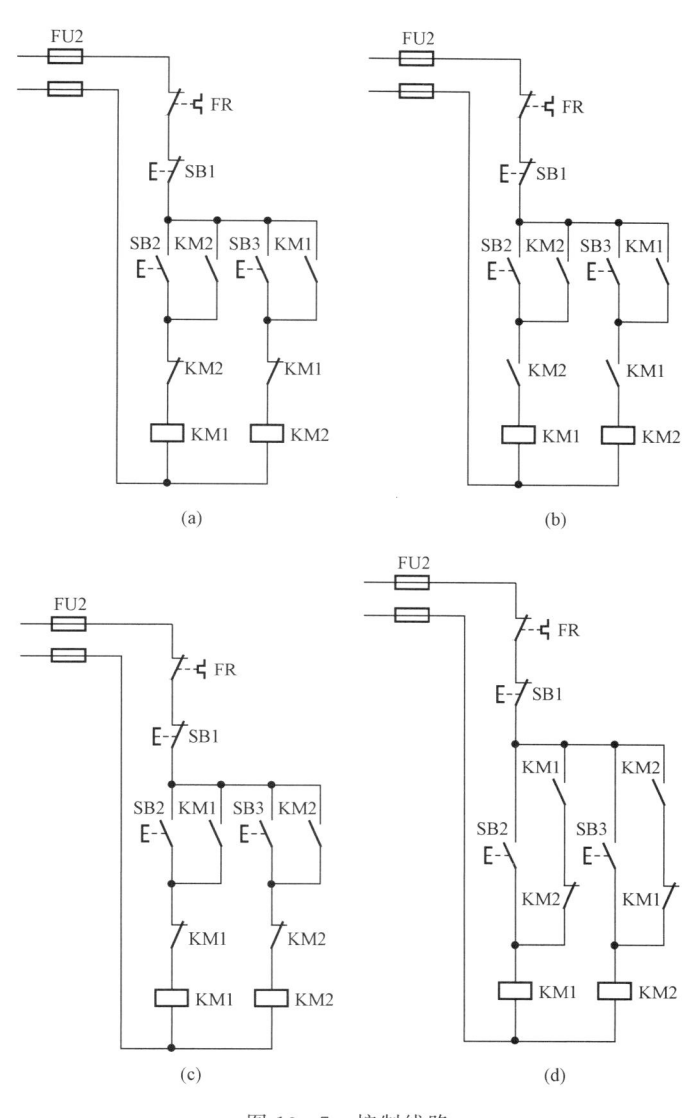

图 10 - 7 控制线路

（a）～（d）线路 1~4

3）必要的心得体会及其他。

实验 20 行程开关进行自动往返控制

实验基础及实验准备

1. 实验目的

1）熟练掌握行程开关自动往返控制线路的接线方法。

2）掌握使用行程开关进行自动控制的工作原理。

3）掌握行程开关结构和应用方法。

实

验

20

2．实验原理

用行程开关进行自动往返控制，使用在很多生产机械上，以便对工作自动连续加工，如图 10 - 8 所示。

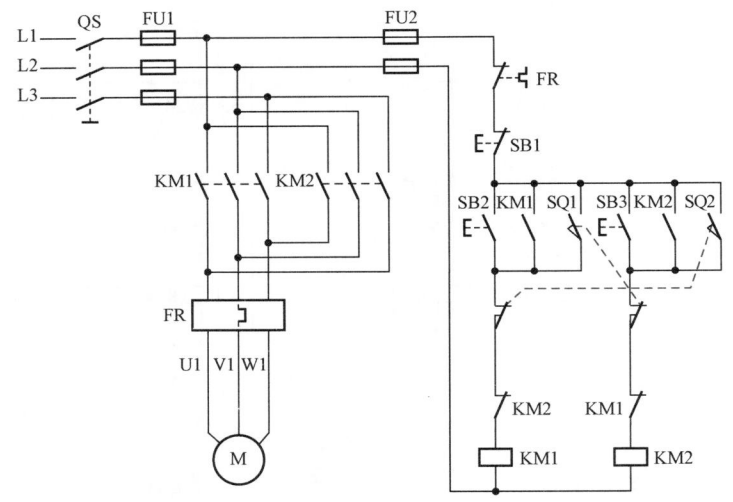

图 10 - 8　行程开关自动往返控制线路

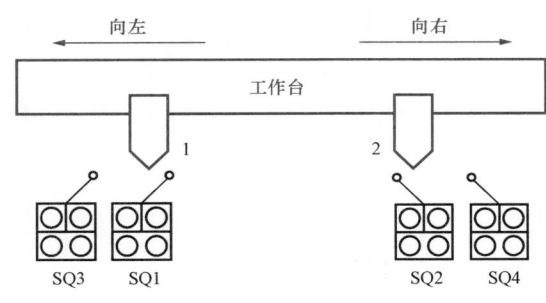

图 10 - 9　工作台示意图

为了使电动机的正、反转控制与工作台的左、右运动相配合，在控制回路中设置至少两个行程开关 SQ1 和 SQ2，把它安装在工作台需限位的位置上。

当工作台运动到限位之处，行程开关动作，自动换接电动机正、反转控制。通过机械传动机构使工作台自动往复运动，调节工作台挡铁 1 与 2 的位置，使工作台改变运动距离，如图 10 - 9所示。

控制电路工作原理如下：

按 SB2→KM1 线圈获电吸合并自锁→电动机 M 起动正转→工作台向左运动→挡铁 1 碰撞 SQ1 使其动断触点分断→KM1 失电→电机 M 断电→工作台惯性移动→SQ1 动合触点闭合→KM2 线圈获电吸合并自锁→电动机 M 反转→工作台向右运动→SQ1 复原→挡铁 2 碰撞 SQ2→SQ2 动断触头断开→KM2 失电→电动机 M 断电→工作台惯性移动→SQ2 动合触头闭合→KM1 获电吸合并自锁→电动机 M 正转→工作台又向左运动。如此周而复始，使工作台在预定的距离内自动往返运动。

图 10 - 9 中行程开关 SQ3 和 SQ4 安装在工作台往返的极限位置上，以防止 SQ1 和 SQ2 失灵时，工作台继续运动而造成事故。

3．实验设备

1）三相电源开关板　　　　　　一块

2）三相熔断器板　　　　　　　一块

3）二相熔断器板　　　　　　　一块

4）交流接触器板　　　　两块

5）热继电器板　　　　　一块

6）按钮板　　　　　　　一块

7）行程开关板　　　　　一块

8）三相交流电动机　　　一台

9）导线与短接桥　　　　若干

4．预习内容

1）电动机正、反转控制。

2）行程开关的结构及工作原理。

3）低压电器的使用及电气控制线路的接线方法。

 实验内容

（1）按实验原理图连接好线路，并按主电路和控制电路，仔细查对电路。

（2）确定电路无误后，在电源断开的情况下，用万用表检查线路，顺序如下：用数字万用表的 20kΩ 或 200kΩ 挡（指针式万用表用 R×10 挡），把表笔接到控制电路电源的两端，这时万用表应指示超量程（或万用表指针不动）。当按下 SB2 时，显示屏有数字显示（或指针有偏转），其数值等于 KM1 的线圈电阻值；这时如果按动 SQ2 或松开 SB2，显示屏又指示超量程（或万用表指针又回到最大数值）。当按下 SB3 时，显示屏有数字显示（或指针有偏转），其数值等于 KM2 的线圈电阻值；如果按下 SQ1 或松开 SB3，显示屏又指示超量程（或指针又回到最大数值）。

控制电路检查无误后，再检查主电路，可用螺丝刀分别按下 KM1 和 KM2 的铁芯，使其主触头闭合，然后用万用表电阻挡分别测"Y"形定子绕组中的两相绕组电阻值。若有短路或开路的情况，可检查主触头是否接触不良或接线错误。

（3）自动往返行程控制电路的测量法：将控制电路通电，依照电路的工作原理分步实验。

 实验注意问题及实验报告要求

1．实验注意事项

1）接线及检查线路时注意断电。

2）注意低压电器的使用。

2．思考题

如图 10-8 所示，增加 SQ3 和 SQ4 行程开关，设计使工作台保持自动往返运动的控制电路。

3．实验报告要求

1）整理实验内容，根据实验结果分析实验现象。

2）回答思考题。

3）必要的心得体会及其他。

行程开关

1. 行程开关的用途

生产机械中，常需要控制某些运动部件的行程，或运动一定行程使其停止，或在一定行程内自动返回或自动循环。这种控制机械行程的方式叫"行程控制"或"限位控制"。

行程开关又叫限位开关或位置开关，其作用是利用机械运动部件的碰撞使触头动作，将机械信号转换为电信号，通过控制其他电器来控制运动部件的行程大小、运动方向或进行限位保护。

2. 行程开关的分类

行程开关按用途不同可分为两类：一类是一般用途行程开关（即常用的行程开关），它主要用于机床、自动生产线及其他生产机械的限位和程序控制；另一类是起重设备用行程开关，它主要用于限制起重机及各种冶金辅助设备的行程。

按摆杆（操作机构）形式不同，行程开关可分为直动式、杠杆式和万向式三种，每种摆杆形式又分多种不同形式，如直动式又分金属直动式、钢滚直动式和热塑滚轮直动式等，滚轮又有单轮、双轮等形式。触头类型有一动合一动断、一动合二动断、二动合一动断、二动合二动断等形式。动作方式可分为瞬动、蠕动、交叉从动式三种。行程开关的主要参数有型式、动作行程、工作电压及触头的电流容量，在产品说明书中都有详细说明。

3. 行程开关的结构和工作原理

常见行程开关的外形如图 10-10 所示，JLXK1 系列行程开关结构原理如图 10-11 所示，它主要由滚轮、杠杆、转轴、凸轮、撞块、调节螺钉、微动开关和复位弹簧等部件组成。

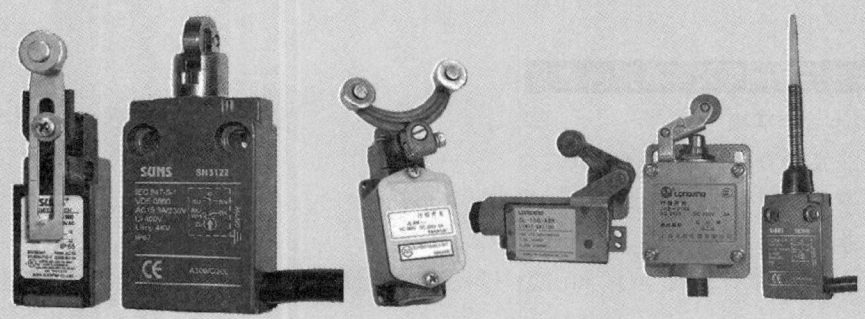

图 10-10　常见行程开关外形图

其工作原理是：当运动机械的挡铁撞到行程开关的滚轮上时，行程开关的杠杆连同转轴一起转动，使凸轮推动撞块，当撞块被压到一定位置时，便推动微动开关快速动作，使其动断触头断开，动合触头闭合；当滚轮上的挡铁移开后，复位弹簧就使行程开关的各部件恢复到原始位置，这种单轮旋转式行程开关能自动复位，在生产机械的自动控制中被广泛应用。

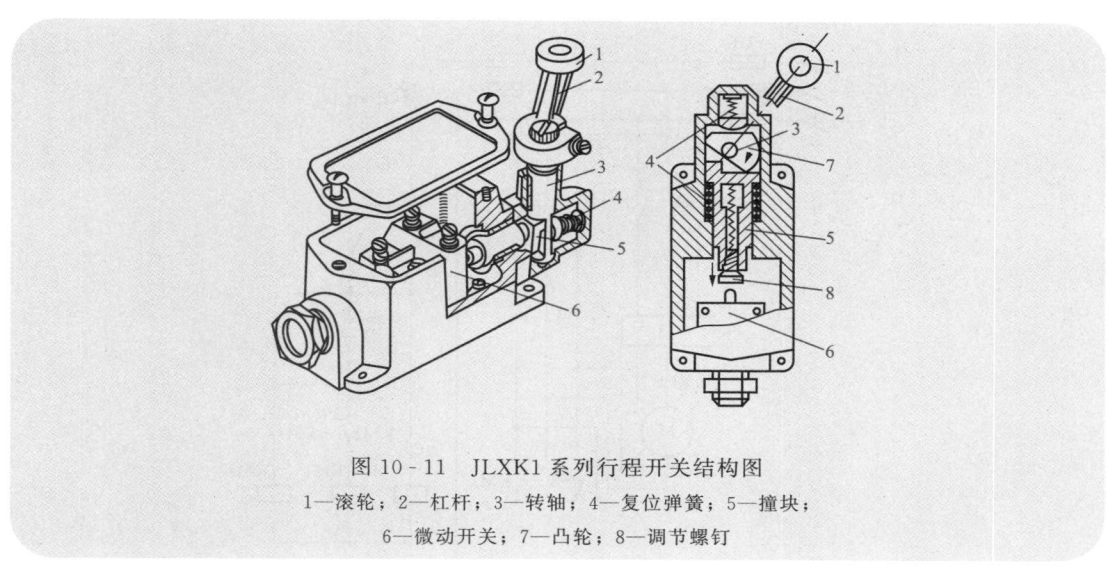

图 10‑11　JLXK1 系列行程开关结构图

1—滚轮；2—杠杆；3—转轴；4—复位弹簧；5—撞块；

6—微动开关；7—凸轮；8—调节螺钉

实验 21　电动机 Y—△减压起动控制

 **实验基础及实验准备**

1. 实验目的

1）熟练掌握 Y—△减压起动控制线路的安装接线方法。

2）掌握 Y—△减压起动控制线路的工作原理及应用。

3）掌握时间继电器的结构与应用方法。

2. 实验原理

Y—△减压起动方法只适用于正常工作时定子绕组为三角形联结的电动机。起动方法既简便又经济，所以使用较为普遍，但是采用这种方法时，电机的起动转矩只有全压起动时的1/3，因此 Y—△减压起动只适用于空载或轻载起动。

（1）用按钮控制的 Y—△减压起动。如图 10‑12 所示，动作原理如下：

1）电动机 Y 形联结减压起动：

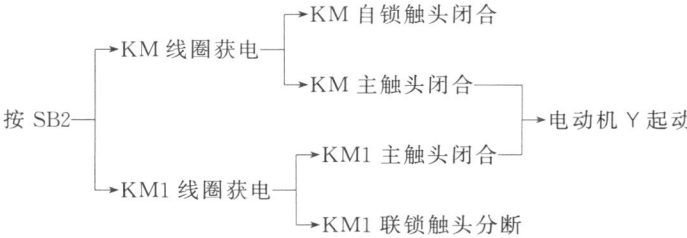

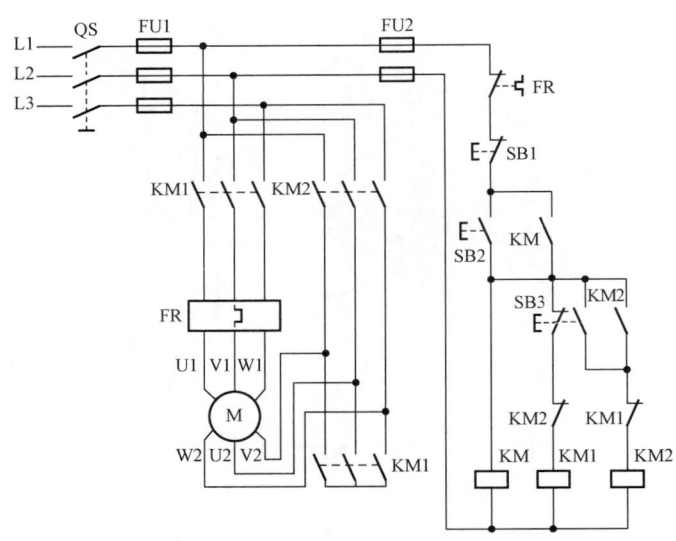

图 10 - 12　按钮控制的 Y—△减压起动线路

2）电动机△形联结全压运转：

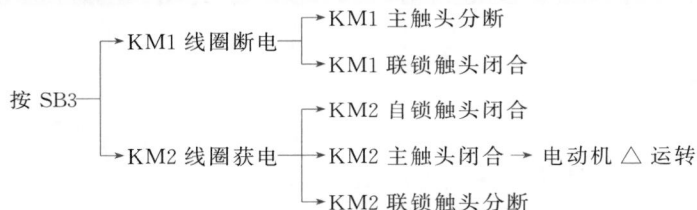

Y 形起动转换成△形运转的时间，要根据电动机的起动情况而定。此控制线路缺点是要人工进行操作 Y—△转换。

（2）时间继电器自动控制 Y—△起动。如图 10 - 13 所示，动作原理如下：

1）电动机 Y 形联接减压起动：

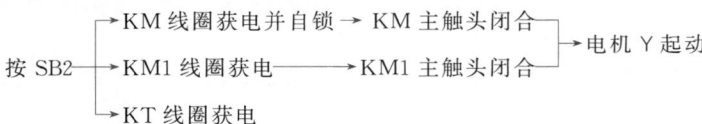

2）电动机△形连接全压运转：

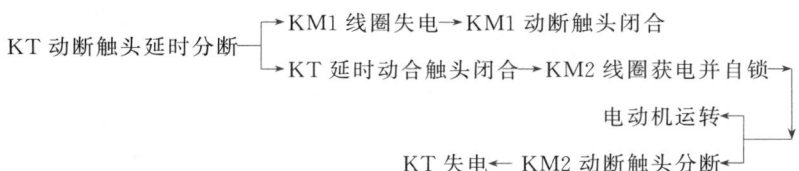

3. **实验设备**

1）三相电源开关板　　　　一块

2）三相熔断器板　　　　　一块

3）两相熔断器板　　　　　一块

4）交流接触器板　　　　　三块

5）热继电器板　　　　　一块
6）按钮板　　　　　　　一块
7）时间继电器板　　　　一块
8）三相交流电动机　　　一台
9）导线与短接桥　　　　若干

4．预习内容

1）电动机 Y—△减压起动控制线路及工作原理。

2）掌握时间继电器的结构原理。

实验内容

（1）按实验原理图连接好线路，并按主电路和控制电路，仔细查对电路。

（2）确定电路无误后，在电源闸刀断开的情况下，用万用表检查线路，顺序如下：

1）用按钮控制 Y—△减压起动线路的测量

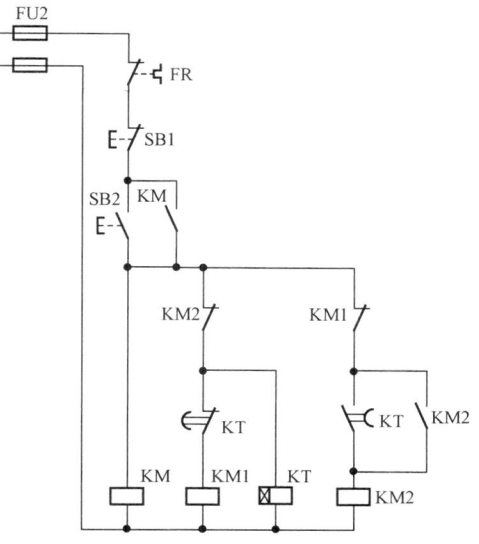

图 10-13　时间继电器自动
控制的 Y—△起动线路

法。用数字万用表的 20kΩ 或 200kΩ 挡（指针式万用表用 R×10 挡），把表笔接到控制电路电源的两端，这时万用表应指示超量程（或万用表指针不动）。当按下 SB2 时，显示屏有数字显示（或指针有偏转），其数值等于 KM 和 KM1 的线圈的并联电阻值；当松开 SB2 时，万用表又显示超量程（或指针又回到最大数值）。当按下 SB3 时，其动合触点闭合，万用表指示数值等于 KM2 的线圈电阻值；当松开 SB3 时，万用表又显示超量程（或指针又回到最大数值）。

控制电路检查无误后，再检查主电路，可用螺丝刀分别同时按下 KM、KM1 和 KM2、KM1 的铁芯，使其主触头闭合，然后用万用表电阻挡分别测 Y 形和△形定子绕组中的绕组电阻值。若有短路或开路的情况，可检查主触头是否接触不良或接线错误。

2）时间继电器控制 Y—△减压自动控制线路的测量法。用数字万用表的 20kΩ 或 200kΩ 挡（指针式万用表用 R×10 挡），把表笔接到控制电路电源的两端，这时万用表应指示超量程（或万用表指针不动）。当按下 SB2 时，显示屏有数字显示（或指针有偏转），万用表指针偏转其数值等于 KM、KM1 和 KT 的线圈总电阻值；当松开 SB2 时，万用表又指示超量程或最大值。

控制电路检查无误后，再检查主电路，可用螺丝刀分别按下 KM1 和 KM2 的铁芯，使其主触头闭合，然后用万用表电阻挡分别测 Y 形和△形定子绕组中的绕组电阻值。若有短路或开路的情况，可检查主触头是否接触不良或接线错误。

将控制电路通电，依照电路的工作原理分步实验。

实验注意问题及实验报告要求

1．实验注意事项

（1）接线及检查线路时注意断电。

（2）注意低压电器的使用。

2．思考题

（1）调节时间断电器，使控制电路在下列时间自动进行 Y—△起动：5、10、20s。

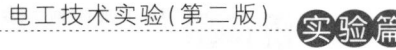

（2）设计一控制线路，按下起动按钮后 KM1 线圈吸合，经 10s 后 KM2 线圈吸合，经 5s 后 KM2 线圈失电释放，同时 KM3 线圈吸合，再经 5s 后，KM1、KM2、KM 线圈均失电释放。

3. 实验报告要求

（1）整理实验内容，根据实验结果分析实验现象。

（2）回答思考题。

（3）心得体会及其他。

扩展阅读

时间继电器

从得到输入信号（线圈的通电或断电）开始，经过一定的延时后才输出信号（触头的闭合或断开）的继电器，称为时间继电器。时间继电器按其延时原理有电磁式、空气阻尼式、电动机式、双金属片式、电子式、可编程式和数字式等，按延时方式分为通电延时与断电延时两类，主要作为辅助电器元件用于各种电气保护及自动装置中，使被控元件达到所需要的延时，在保护装置中用以实现各级保护的选择性配合等，应用十分广泛。

一般电磁式时间继电器的延时范围在十几秒以下，多为断电延时，其延时整定精度和稳定性不是很高，但继电器本身适应能力较强，在一些要求不太高，工作条件又较恶劣的场合，多采用这种时间继电器。

空气阻尼式（气囊式）时间继电器的延时范围可似扩大到数分钟，但整定精度往往较差，只适用于一般场合。

同步电动机式时间继电器（又称电动机式时间继电器）的主要特点是延时范围宽，可长达数十小时，重复精度也较高，延时范围从零点几秒到数十小时可调。这种继电器的不足之处是只有闭合（接通）延时。

双金属片式时间继电器主要用于异步电动机的 Y—△ 起动电路，延时时间不超过 1min，目前已较少使用。

电子式、可编程式和数字式时间继电器的延时范围宽，整定精度高，延时和复式延时、多制式等延时类型，应用广泛。

实验 22　电动机反接制动控制

 实验基础及实验准备

1. 实验目的

1）熟练掌握反接制动控制线路的安装接线方法。

2）掌握反接制动控制线路工作原理及应用。

3）了解速度继电器的结构与工作原理。

2. 实验原理

电动机的反接制动是依靠改变定子绕组中电源相序而迫使电动机迅速停转的一种方法。

（1）单向反接制动控制线路，如图 10 - 14 所示。

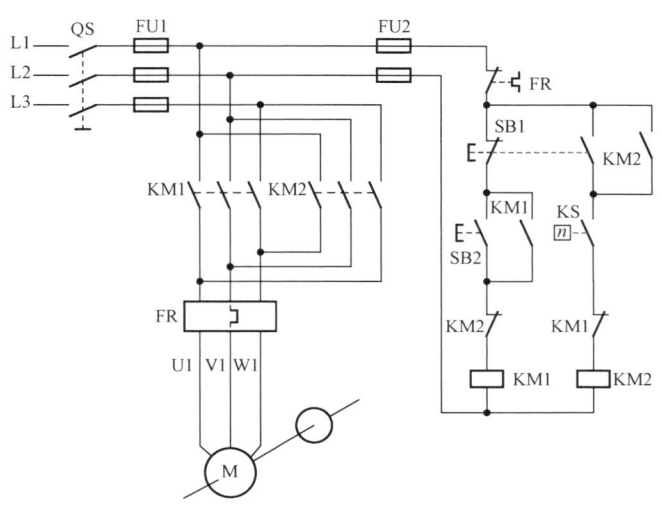

图 10 - 14　单向运行反接制动控制线路

控制原理如下：

1）起动过程。按 SB2→KM1 线圈获电，并自锁→KM1 主触头闭合→电动机 M 起动运转→电动机转速升高到一定值→KS 动合触头闭合为反接制动作准备。

2）停车过程。

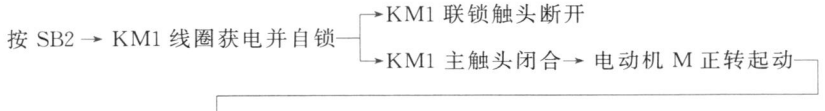

按 SB1 ┬→KM1 线圈失电，电动机失电惯性运转
　　　 └→KM2 线圈获电并自锁，KM2 主触头闭合 → 电动机进行反接制动 ┐

┌──┘
└→电动机转速迅速下降至 100r/min 以下时→ KS 的动合触头断开 → KM2 线圈失电，电动机断电停转

由于反接制动时，定子绕组中流过的反接制动电流相当于全压直接起动时的两倍。为此，一般在 4.5kW 以上的电动机进行反接制动时，要在 KM1 主电路串接电阻器，以限制反接制动电流。

（2）正反转起动反接制动控制线路，如图 10 - 15 所示。图中 KS-1 和 KS-2 分别为速度继电器正反两个方向的两副动合触头，当按下 SB2 时，电动机正转，KS-2 闭合，为反接制动作准备；当电动机反转运行时，KS-1 闭合。在这个控制线路中使用中间继电器 KA，实验时用交流接触器替代。

正转起动工作原理如下：

1）正转起动：

按 SB2 → KM1 线圈获电并自锁 ┬→KM1 联锁触头断开
　　　　　　　　　　　　　　 └→KM1 主触头闭合 → 电动机 M 正转起动 ┐

┌──┘
└→电动机转速超过 120r/min → KS-2 闭合为反接制动作准备

2）正转反接制动：

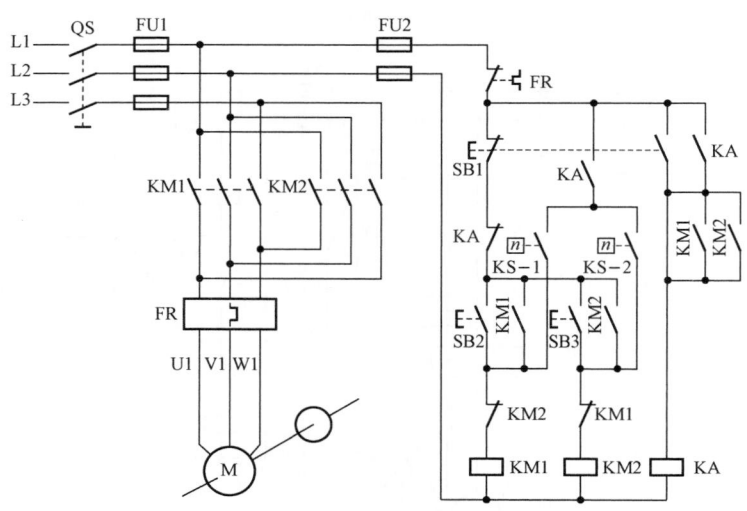

图 10‐15 正反转起动反接制动控制线路

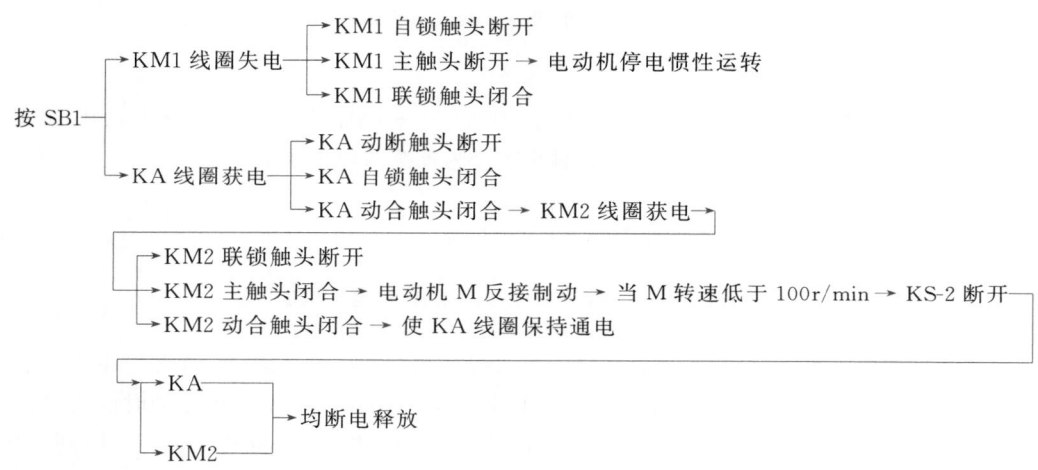

反转运转时，反接制动的工作原理与正转时相似，可自行分析。

3．实验设备

1）三相电源开关板　　　　一块

2）三相熔断器板　　　　　一块

3）二相熔断器板　　　　　一块

4）交流接触器板　　　　　三块

5）热继电器板　　　　　　一块

6）速度继电器　　　　　　一只

7）按钮板　　　　　　　　一块

8）三相交流电动机　　　　一台

9）导线与短接桥　　　　　若干

4．预习内容

1）电动机反接制动控制线路及工作原理。

2）速度继电器的结构与工作原理。

实验内容

（1）按实验原理图连接好线路，并按主电路和控制电路，仔细查对电路。

（2）确定电路无误后，在电源闸刀断开的情况下，用万用表检查线路，顺序如下：

1）单向运行反接制动控制线路的测量法。用数字万用表的 20kΩ 或 200kΩ 挡（指针式万用表用 R×10 挡），把表笔接到控制电路电源的两端，这时万用表应指示最大值。当按下 SB2 时，数字万用表显示屏显示数值（或指针万用表指示数值）等于 KM1 的线圈电阻值；当松开 SB2 时，万用表又指示最大数值。

控制电路检查无误后，再检查主电路，可用螺丝刀分别按下 KM1 和 KM2 的铁芯，使其主触头闭合，然后用万用表电阻挡分别测 Y 形定子绕组中的二相绕组电阻值。若有短路或开路的情况，可检直主触头是否接触不良或接线错误。

2）正反转起动反接制动控制线路的测量法。用数字万用表的 20kΩ 或 200kΩ 挡（指针式万用表用 R×10 挡），把表笔接到控制电路电源的两端，这时万用表应指示最大值。当按下 SB2 时，数字万用表显示屏显示数值（或指针万用表指示数值）等于 KM1 的线圈电阻值；当松开 SB2 时，万用表又指示最大数值。

当按下 SB3 时，万用表指示数值等于 KM2 的线圈电阻值；当松开 SB3 时，万用表又指示最大数值。当按下 SB1 时，万用表指示数值等于 KA 的线圈电阻值；当松开 SB1 时，万用表又指示最大数值。

控制电路检查无误后，再检查主电路，方法同上。

（3）将控制电路通电，观察其能否反接制动。

实验注意问题及实验报告要求

1．实验注意事项

（1）接线及检查线路时注意断电。

（2）注意低压电器的使用。

2．思考题

某机床主轴由一台笼型异步电动机带动，润滑油泵由另一台笼型异步电动机带动。要求：

（1）主轴必须在油泵开动后才能起动；

（2）主轴要求能正反转控制并能反接制动；

（3）有短路，欠压及过载保护。

试画出控制线路图并分析其工作原理。

3．实验报告要求

1）整理实验内容，根据实验结果分析实验现象。

2）回答思考题及心得体会及其他。

扩展阅读

速度继电器

速度继电器又称为反接制动继电器。它主要用于笼型异步电动机的反接制动控制。感应式速度继电器的原理如图 10-16 所示。它是靠电磁感应原理实现触点动作的。

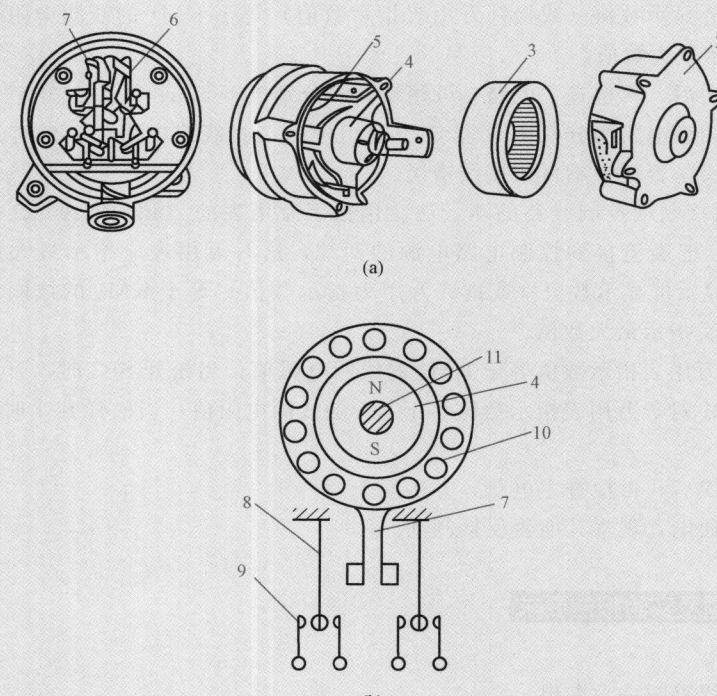

(a)

(b)

图 10-16 速度继电器结构原理图

(a) 外观及结构图；(b) 工作原理图

1—连接头；2—端盖；3—定子；4—转子；5—可动支架；6—触头；
7—胶木摆杆；8—簧片；9—静触头；10—绕组；11—轴

从结构上看，与交流电机相类似，速度继电器主要由定子、转子和触点三部分组成。定子的结构与笼型异步电动机相似，是一个笼型空心圆环，由硅钢片冲压而成，并装有笼型绕组。转子是一个圆柱形永久磁铁。

速度继电器的轴与电动机的轴相连接。转子固定在轴上，定子与轴同心。当电动机转动时，速度继电器的转子随之转动，绕组切割磁场产生感应电动势和电流，此电流和永久磁铁的磁场作用产生转矩，使定子向轴的转动方向偏摆，通过定子柄拨动触点，使动断触点断开、动合触点闭合。当电动机转速下降到接近零时，转矩减小，定子柄在弹簧力的作用下恢复原位，触点也复原。速度继电器根据电动机的额定转速进行选择。

实验 23　电动机能耗制动控制

**实验基础及实验准备**

1. 实验目的

1）熟练掌握能耗制动控制线路的安装接线方法。

2）掌握能耗制动控制线路工作原理及应用。

2. 实验原理

能耗制动的方法是电动机切断电源后，在定子绕组的任意两相中通入直流电源，产生一个恒定的磁场而产生反向转矩，以达到制动的目的，如图 10 - 17 所示。

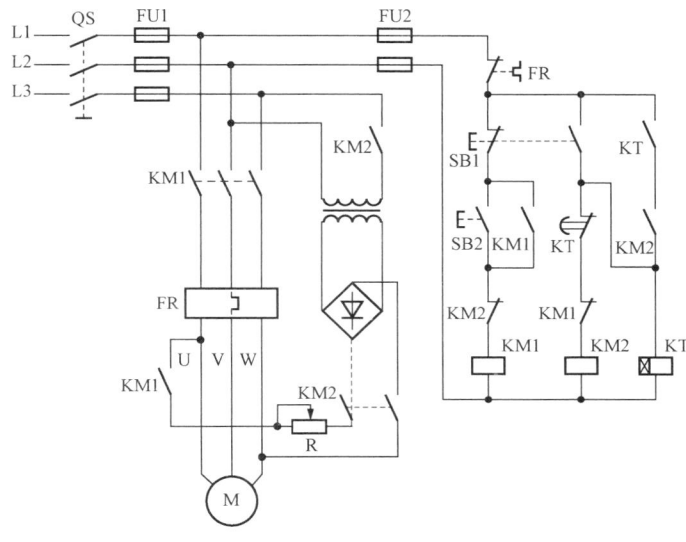

图 10 - 17　带变压器的全波整流能耗制动控制线路

动作原理如下：

1）起动控制。

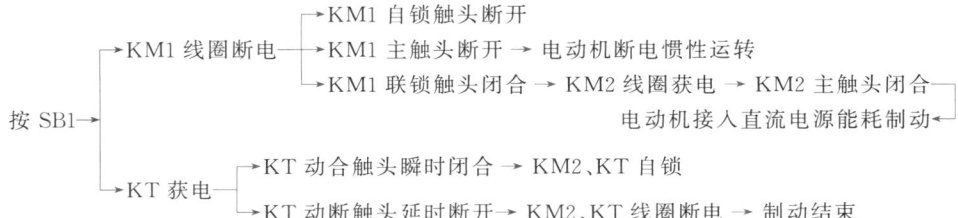

2）停止制动控制。

按 SB1 →
- KM1 线圈断电 →
  - KM1 自锁触头断开
  - KM1 主触头断开 → 电动机断电惯性运转
  - KM1 联锁触头闭合 → KM2 线圈获电 → KM2 主触头闭合 → 电动机接入直流电源能耗制动
- KT 获电 →
  - KT 动合触头瞬时闭合 → KM2、KT 自锁
  - KT 动断触头延时断开 → KM2、KT 线圈断电 → 制动结束

3．实验设备

1）三相电源开关板　　　　　一块

2）三相熔断器板　　　　　　一块

3）交流接触器板　　　　　　两块

4）热继电器板　　　　　　　一块

5）能耗制动板　　　　　　　一块

6）二相熔断器板　　　　　　一块

7）按钮板　　　　　　　　　一块

8）时间继电器板　　　　　　一块

9）交流电动机　　　　　　　一台

10）导线与短接桥　　　　　　若干

4．预习内容

1）电动机能耗制动控制线路及工作原理。

2）热继电器、时间继电器的结构原理。

**实验内容**

（1）按实验原理图连接好线路，并按主电路和控制电路仔细查对电路。

（2）确定电路无误后，在电源闸刀断开的情况下，用万用表检查线路，顺序如下：

带变压器的全波整流能耗控制电路的测量法：

用数字万用表的 $20k\Omega$ 或 $200k\Omega$ 挡（指针式万用表用 $R×10$ 挡），把表笔接到控制电路电源的两端，这时万用表应指示最大值。当按下 SB2 时，万用表指示数值等于 KM1 的线圈电阻值；当松开 SB2 时，万用表又指示最大数值。

当按下 SB3 时，万用表指示数值等于 KM2 和 KT 的线圈的并联总电阻值；当松开 SB3 时，万用表又指示最大数值。

控制电路检查无误后，再检查主电路，可用螺丝刀分别按下 KM1 和 KM2 的铁芯，使其主触头闭合，然后用万用表电阻挡分别测定子绕组中的两相绕组电阻值。若有短路或开路的情况，可检查主触头是否接触不良或接线错误。

（3）将控制电路通电，观察其能否进行能耗制动。

**实验注意问题及实验报告要求**

1．实验注意事项

（1）接线及检查线路时注意断电。

（2）注意低压电器的使用。

2．思考题

试设计一台交流鼠笼式异步电动机正、反转控制的能耗制动控制电路。

3．实验报告要求

（1）整理实验内容，根据实验结果分析实验现象。

（2）回答思考题。

（3）心得体会及其他。

参 考 文 献

[1] 邱关源. 电路（第五版）. 北京：高等教育出版社，2006.

[2] ［美］charles K. Alexander，Matthew N. O. Sadiku. 刘巽亮，倪国强译. 电路基础. 北京：电子工业出版社，2003.

[3] ［美］James W. Nilsson Susan A. Riedel. 冼立勤，周玉坤，等译. 电路理论. 北京：电子工业出版社，2002.

[4] ［日］OHM 社. 图解电工学入门. 北京：科学出版社，2005.

[5] 杨家树，关静，等. 电工技术（电工学Ⅰ）. 北京：机械工业出版社，2010.

[6] 孙玉杰，等. 电工电子技术实验教程. 北京：机械工业出版社，2009.

[7] 付家才. 电工实验与实践. 北京：高等教育出版社，2004.

[8] 韩明武. 电工学实验. 北京：高等教育出版社，2004.

[9] 王斌. 电路实验. 西安：西北工业大学出版社，2003.

[10] 赵中义. 示波器原理、维修与检定. 北京：电子工业出版社，1991.